O ALGORITMO E O CAPITAL
ENSAIOS INTRODUTÓRIOS À ECONOMIA DOS MEIOS DIGITAIS

Editora Appris Ltda.
1.ª Edição - Copyright© 2024 do autor
Direitos de Edição Reservados à Editora Appris Ltda.

Nenhuma parte desta obra poderá ser utilizada indevidamente, sem estar de acordo com a Lei nº 9.610/98. Se incorreções forem encontradas, serão de exclusiva responsabilidade de seus organizadores. Foi realizado o Depósito Legal na Fundação Biblioteca Nacional, de acordo com as Leis nᵒˢ 10.994, de 14/12/2004, e 12.192, de 14/01/2010.

Catalogação na Fonte
Elaborado por: Dayanne Leal Souza
Bibliotecária CRB 9/2162

S495a
2024
	Seto, Kenzo Soares
	   O algoritmo e o capital: ensaios introdutórios à economia dos meios digitais / Kenzo Soares Seto. – 1. ed. – Curitiba: Appris, 2024.
	   151 p. ; 23 cm. (Coleção Ciências da Comunicação).
	
	   Inclui referências.
	   ISBN 978-65-250-6225-9
	
	   1. Algoritmo. 2. Capital. 3. Economia. 4. Política. 5. Plataformas digitais. I. Seto, Kenzo Soares. II. Título. III. Série.
	                                          CDD – 330

Livro de acordo com a normalização técnica da ABNT

Editora e Livraria Appris Ltda.
Av. Manoel Ribas, 2265 – Mercês
Curitiba/PR – CEP: 80810-002
Tel. (41) 3156 - 4731
www.editoraappris.com.br

Printed in Brazil
Impresso no Brasil

Kenzo Soares Seto

O ALGORITMO E O CAPITAL
ENSAIOS INTRODUTÓRIOS À ECONOMIA DOS MEIOS DIGITAIS

Appris
editora

Curitiba, PR
2024

FICHA TÉCNICA

EDITORIAL	Augusto Coelho
	Sara C. de Andrade Coelho
COMITÊ EDITORIAL	Ana El Achkar (UNIVERSO/RJ)
	Andréa Barbosa Gouveia (UFPR)
	Conrado Moreira Mendes (PUC-MG)
	Eliete Correia dos Santos (UEPB)
	Fabiano Santos (UERJ/IESP)
	Francinete Fernandes de Sousa (UEPB)
	Francisco Carlos Duarte (PUCPR)
	Francisco de Assis (Fiam-Faam, SP, Brasil)
	Jacques de Lima Ferreira (UP)
	Juliana Reichert Assunção Tonelli (UEL)
	Maria Aparecida Barbosa (USP)
	Maria Helena Zamora (PUC-Rio)
	Maria Margarida de Andrade (Umack)
	Marilda Aparecida Behrens (PUCPR)
	Marli Caetano
	Roque Ismael da Costa Güllich (UFFS)
	Toni Reis (UFPR)
	Valdomiro de Oliveira (UFPR)
	Valério Brusamolin (IFPR)
SUPERVISOR DA PRODUÇÃO	Renata Cristina Lopes Miccelli
PRODUÇÃO EDITORIAL	Sabrina Costa
REVISÃO	Stephanie Ferreira Lima
DIAGRAMAÇÃO	Amélia Lopes
CAPA	Eneo Lage
REVISÃO DE PROVA	Jibril Keddeh

COMITÊ CIENTÍFICO DA COLEÇÃO CIÊNCIAS DA COMUNICAÇÃO

DIREÇÃO CIENTÍFICA	Francisco de Assis (Fiam-Faam-SP-Brasil)
CONSULTORES	Ana Carolina Rocha Pessôa Temer (UFG-GO-Brasil)
	Antonio Hohlfeldt (PUCRS-RS-Brasil)
	Carlos Alberto Messeder Pereira (UFRJ-RJ-Brasil)
	Cicilia M. Krohling Peruzzo (Umesp-SP-Brasil)
	Janine Marques Passini Lucht (ESPM-RS-Brasil)
	Jorge A. González (CEIICH-Unam-México)
	Jorge Kanehide Ijuim (Ufsc-SC-Brasil)
	José Marques de Melo (In Memoriam)
	Juçara Brittes (Ufop-MG-Brasil)
	Isabel Ferin Cunha (UC-Portugal)
	Márcio Fernandes (Unicentro-PR-Brasil)
	Maria Aparecida Baccega (ESPM-SP-Brasil)
	Maria Ataíde Malcher (UFPA-PA-Brasil)
	Maria Berenice Machado (UFRGS-RS-Brasil)
	Maria das Graças Targino (UFPI-PI-Brasil)
	Maria Elisabete Antonioli (ESPM-SP-Brasil)
	Marialva Carlos Barbosa (UFRJ-RJ-Brasil)
	Osvando J. de Morais (Unesp-SP-Brasil)
	Pierre Leroux (Iscea-UCO-França)
	Rosa Maria Dalla Costa (UFPR-PR-Brasil)
	Sandra Reimão (USP-SP-Brasil)
	Sérgio Mattos (UFRB-BA-Brasil)
	Thomas Tufte (RUC-Dinamarca)
	Zélia Leal Adghirni (UnB-DF-Brasil)

AGRADECIMENTOS

À família e amigos.

Aos meus educadores na Escola Municipal Zilda de Franceschi, no Colégio Pedro II e na ECO-UFRJ.

Conhecemos a história de um autômato construído de tal modo que podia sempre responder a cada lance de um jogador de xadrez, garantindo a vitória. Era um fantoche mecânico vestido como turco [...] Um sistema de espelhos criava a ilusão de que a mesa era totalmente visível. Na realidade, um anão se escondia nela, que dirigia com cordéis a mão do fantoche.

(Walter Benjamin, Sobre o conceito de História, 1940, p. 1)

O Turco Mecânico permite que as empresas aproveitem a inteligência coletiva, as habilidades e os insights de uma força de trabalho global para otimizar os processos de coleta e a análise de dados e acelerar o desenvolvimento do aprendizado de máquina [...] Ainda há muitas coisas que seres humanos podem fazer de forma muito mais efetiva que computadores.

(Apresentação do Amazon Mechanical Turk)

APRESENTAÇÃO

A ligação entre o mercado financeiro e os *stories* que você curte, experimentos secretos com milhões de indivíduos, além de pessoas que trocam curtidas por pratos de comida. Esses são alguns dos temas abordados neste livro na busca pela compreensão de como cada atividade digital contribui para a reprodução do sistema econômico em que vivemos.

A primeira parte deste livro serve como um guia introdutório aos debates na área da Economia Política da Comunicação. Desde o capítulo "Marx e o digital" até *"Click Farms*: da subsunção à espoliação", apresentamos as principais correntes teóricas contemporâneas que buscam entender como as atividades digitais contribuem para a acumulação de capital, em diálogo com o pensamento marxiano. Em seguida, introduzimos uma contribuição metodológica original: substituir a busca por um único paradigma de análise para a submissão ao capital nas relações mediadas digitalmente, como a problemática categoria de "trabalho digital", pela compreensão de que essas relações constituem um campo de múltiplas estratégias de acumulação.

Dessa forma, a polêmica sobre um reconhecimento ou não em abstrato das atividades de profissionais da tecnologia e usuários comuns das plataformas como trabalho produtivo dá lugar à análise caso a caso do papel que cumprem em diferentes momentos para a apropriação privada da riqueza socialmente produzida. Nesse sentido, o trabalho remunerado com centavos de dólar por trás de muitas das curtidas e interações nas plataformas sociais se torna um estudo de caso paradigmático dos novos modos de subsunção do capitalismo tardio. Aos que consideravam a redescoberta do *General Intellect* um sinal de um novo capitalismo criativo e imaterial, demonstramos como sua apropriação atual reforça a dimensão cada vez mais regressiva do sistema. E se você não sabe do que estou falando, não entre em pânico, basta ler os capítulos.

No capítulo "O algoritmo e o capital", apresentamos de forma pedagógica para um público leigo, especialmente estudantes das Ciências Humanas, o que são algoritmos e sua relevância contemporânea. Essa introdução não pretende ser exaustiva, mas abre caminho para aprofundarmos como os algoritmos digitais, além de sequências de operações lógicas para otimização de soluções e identificação de padrões, são também relações sociais mediadas por dados que reproduzem, em primeiro lugar, os interesses de seus proprietários.

O capítulo "Curtidas como reserva de valor" conecta os algoritmos ao prazer que nos move a publicar e curtir fotos e vídeos diariamente e como esse desejo é instrumentalizado pelo capital. Quando Guattari e Rolnik (1996, p. 139) escreveram o livro *Cartografia dos desejos*, afirmavam: "não se trata mais de nos apropriarmos apenas dos meios de produção ou dos meios de expressão política, mas também de sairmos do campo da economia política e entrarmos no campo da economia subjetiva". Se algum dia pode-se especular que o campo da economia subjetiva se descolou da economia política, hoje o capital os reunificou em plataformas como o Instagram, o Facebook, o Tinder e o Grindr e é dessa unidade entre subjetividade espetacular e capital, especialmente rentista, que o capítulo trata.

O "Príncipe algorítmico" narra extensamente as experiências que plataformas como o Facebook realizaram na manipulação de eleições, revoluções e golpes de estado. Com farta documentação, inclusive publicada pelas próprias empresas, esse capítulo associa as evidências de como as eleições se tornaram laboratórios dos cientistas de dados muito antes da Cambridge Analytica à discussão teórica sobre o impacto nas batalhas de ideias de aparelhos privados de hegemonia que concentram a atenção diária de dois bilhões de pessoas. Concentração essa que o capítulo "O duopólio de atenção do Ocidente" detalha.

Embora Bittencourt (2016) já houvesse proposto a categoria de "Príncipe Digital" que o autor desconhecia quando da escrita do texto, acreditamos que a categoria de Príncipe Algorítmico, ainda que apenas como uma proposição inicial, vai além, ao focar no papel político das mediações algorítmicas que Bittencourt (2016) em grande parte desconsidera. Por fim, a compra do Twitter por Elon Musk como experimento político e a censura sistemática das plataformas aos velhos oligopólios de notícias, com o apoio desses à regulação pública das plataformas em represália, mostra a atualidade de compreender as tensões e negociações entre velhas e novas frações dirigentes da sociedade que emergem com a sua digitalização.

Boa leitura.

PREFÁCIO

A pesquisa em comunicação é conhecida por ser dominada por modismos sem profundidade — da sociedade em rede ao capitalismo de vigilância. É um exercício a contrapelo quem se propõe ao debate sério e aprofundado em termos teóricos e epistemológicos para além das "palavras-chave" do momento. Por isso que tenho a alegria de apresentar este livro, *O algoritmo e o capital: ensaios introdutórios à economia política dos meios digitais*, de Kenzo Seto. Fruto de sua dissertação de mestrado defendida na Universidade Federal do Rio de Janeiro (UFRJ), em 2019, quando a banca indicou sua publicação, a obra, revista e modificada, mostra atualidade e ainda mais pertinência cinco anos após sua escrita original.

O livro demonstra a relevância e o protagonismo da economia política e do marxismo para compreender tecnologias da informação e comunicação. Conceitos como luta de classes, hegemonia e capital são ainda mais pertinentes para compreender algoritmos, dados e plataformas do que anteriormente. Kenzo Soares Seto apresenta um excelente panorama sobre como o marxismo contribui para entender algoritmos em termos de acumulação do capital/acumulação algorítmica e a acumulação por espoliação digital.

Há uma boa síntese de um dos principais debates na economia política da comunicação nos últimos dez anos: as relações entre teoria do valor, mercadoria, audiência e rentismo a partir das atividades digitais de usuários. Ainda que não mapeie todo o terreno em torno dessa discussão, a obra apresenta as principais linhas argumentativas e as diferenças entre cada autor. Atualmente, as discussões avançaram para além das mídias sociais e se desdobraram em outras (embora não novas) formas de trabalho não pago e trabalho de dados ao redor da inteligência artificial, incluindo o trabalho reprodutivo (Posada, 2022; Howson *et al.*, 2023). Esse é também o mérito de Kenzo Seto, ainda em 2019, ao recuperar a abordagem do *General Intellect* para pensar os algoritmos, algo que também foi recuperado recentemente por Matteo Pasquinelli (2023) para compreender as relações entre inteligência artificial e atividade humana.

Na esfera do trabalho, Seto também introduz os debates das fazendas de cliques, que foram aprofundados em contexto brasileiro por mim e outros autores entre 2020 e 2022 (Grohmann *et al.*, 2022a; Grohmann *et al.*, 2022b) não somente por meio de galpões no sudeste asiático, mas por meio de plataformas brasileiras, para atender um mercado interno de influenciadores, políticos, jogadores de futebol, pequenos empreendedores e empreendimentos. Há claras conexões entre o trabalho em fazendas de cliques e a economia política da desinformação (Grohmann; Ong, 2024; Lindquist; Weltevrede, 2024) que necessitam de aprofundamentos em um futuro próximo. O que Seto faz é lançar as bases para questionar como o setor de comunicação faz parte de todo esse processo, com consequência tanto para agendas de pesquisa quanto para trabalhadoras e trabalhadores da área.

Além disso, valorizo a discussão sobre monopólios algorítmicos digitais como algo também historicizado e que tem sido debatido por diversos autores nos estudos de plataformas. Para além de meros "efeitos de rede", as empresas de tecnologia devem ser tratadas a partir de perspectivas da economia política, e não como meros "actantes" nas relações de poder. Por isso, também acho muito interessante — embora não de forma isolada e inédita[1] — as tentativas de pensar os monopólios algorítmicos à luz do conceito de príncipe eletrônico, de Octavio Ianni, e com o pensamento gramsciano.

Em suma, a obra pode contribuir para discentes e docentes das áreas de comunicação, ciências sociais, economia, direito etc. pensarem como o poder das plataformas não é neutro e teorias sociais ditas "velhas" podem nos ajudar a pensar esse contexto social e tecnológico. Além disso, formuladores de políticas e educadores podem se beneficiar desta discussão para espalhar a palavra.

Rafael Grohmann

Professor de Estudos Críticos de Plataformas da Universidade de Toronto; Coordenador do Laboratório DigiLabour e do projeto Fairwork, vinculado à Universidade de Oxford, além de pesquisador do projeto Histories of Artificial Intelligence: Genealogy of Power, da Universidade de Cambridge.

---

[1] Ver Bittencourt (2016).

SUMÁRIO

MARX E O DIGITAL: TRABALHO, VALOR E MERCADORIAS INTANGÍVEIS 15
Trabalho produtivo e improdutivo em Marx 17
Cadeias tangíveis e intangíveis de produção 20
Meios digitais e a aceleração do capital 22

ATIVIDADES DIGITAIS E PRODUÇÃO DE MAIS-VALIA: CONTROVÉRSIAS TEÓRICAS 27
A origem da atenção subordinada ao capital: o cinema 29
Audiência como mercadoria: trabalho na indústria cultural 34
Atividades digitais e produção de mais-valia 36
Acumulação por meio de rendas monopólicas informacionais 40
Vigilância como espoliação: o *General Intellect* como comum espoliado 43

CLICK FARMS: DA SUBSUNÇÃO REAL À ESPOLIAÇÃO 51
De volta à Marx 51
Acumulação por meio de espoliação digital 58

O ALGORITMO E O CAPITAL 67
Uma breve história dos algoritmos 68
Algoritmos, *Big Data e machine learning* 70
A "inteligência artificial" 72
A ideologia do algoritmo 73
O algoritmo como lócus da articulação entre informação e mercadoria 74

CURTIDAS COMO RESERVA DE VALOR: MARX & DEBORD 81
A subjetividade espetacular e o dinheiro como medida do homem 82
Algoritmos como compiladores de decisões humanas: o início das *Big Techs* 83
Curtidas como reserva de valor 86
Quanto vale uma curtida 88
Efeitos políticos dos algoritmos do capital 89

O PRÍNCIPE ALGORÍTMICO: DEMOCRACIA COMO LABORATÓRIO DOS CIENTISTAS DE DADOS ... 93
Do mito do algoritmo neutro às plataformas como tribunais legítimos ... 94
A democracia como laboratório dos cientistas de dados ... 98
O complexo industrial-militar-digital e a segmentação algorítmica ... 102
O príncipe algorítmico: modulação como hegemonia ... 104

O DUOPÓLIO DE ATENÇÃO DO OCIDENTE: GOOGLE E FACEBOOK ... 109
Don't be Evil: concentração de mercado e práticas monopólicas ... 116
Oligopólios desregulamentados *versus* disrupção tecnológica ... 120

EPÍLOGO ... 129

REFERÊNCIAS ... 135

MARX E O DIGITAL: TRABALHO, VALOR E MERCADORIAS INTANGÍVEIS

Como a socialização dos modos de produzir, compartilhar e consumir informação digital permitiu a concentração em escala histórica inédita da atenção humana, da propriedade sobre dados e de capitais por alguns atores nos mercados digitais? Qual o papel das plataformas digitais para a acumulação capitalista?

Na tradição da Economia Política da Comunicação (EPC) ou em diálogo com ela, diversos autores têm buscado compreender o papel para a acumulação capitalista do conjunto das relações comunicacionais e econômicas que emergem no século XXI mediadas por algoritmos digitais e plataformas sociais, principalmente a partir da proposição de um paradigma geral que atualize a concepção marxiana da exploração do trabalho por meio da extração de mais-valia.

Essa tendência teórica decorre do fato de que a EPC busca analisar os processos pelos quais a sociedade se supre de bens simbólicos industrializados "nas condições capitalistas de produção e consumo, inclusive os seus processos políticos e institucionais, assumindo como ponto de partida e de chegada a teoria do valor-trabalho" (Dantas, 2012, p. 286). Nesse sentido, Dantas (2012) propõe uma lei geral da dinâmica do capital-informação; Bueno (2017) afirma que a economia da atenção é a forma central de produção de valor e desejos do capitalismo cognitivo; Fuchs (2013) define o trabalho digital; Bolaño (2000) oferece um quadro teórico amplo para a análise da Indústria Cultura e da mercadoria informação em suas múltiplas determinações.

Mesmo fora da EPC, autores mais heterodoxos não deixam de, em algum grau, referir-se ao pensamento marxiano na busca de um modelo preponderante de compreensão da economia digital, como Zuboff (2018, p. 48), que propõe o "capitalismo de vigilância como lógica hegemônica da acumulação em nosso tempo". Novos "Modos de Produção", "lógicas hegemônicas", "leis gerais", "capitalismos", "quadros teóricos amplos". Diante das lacunas ou limites das proposições formuladas por Marx (1961, 1980, 2004, 2008, 2011, 2013), no século XIX, para tratar de relações comunicacionais e econômicas que emergem no século XXI, há uma tendência geral de propor novos paradigmas ambiciosos em substituição ou adendo à teoria do valor trabalho.

A concepção epistemológica deste ensaio parte de que, mais do que reafirmar uma ortodoxia adotando um desses paradigmas globais em detrimento dos outros, vinculando-se à defesa *a priori* de uma dada tradição de pensamento, o papel do pesquisador é, em uma abordagem crítica e heterodoxa, compreender quais categorias propostas por cada autor contribuem ou não para a compreensão de uma dimensão ou da totalidade do fenômeno estudado ou, se a compreensão da totalidade for inalcançável, pelo menos da aproximação mais próxima dela por parte da teoria. Não se trata de ecletismo ou diletantismo teórico, mas de uma aposta metodológica de que, nas suas tentativas de propor paradigmas rivais de explicação da contribuição do digital para a apropriação capitalista da riqueza, nenhum dos autores foi completamente bem-sucedido. Contudo, tomados de forma combinada, suas abordagens refletem diferentes perspectivas sociais que o valor assume dentro das mediações digitais do capitalismo, diversidade de perspectivas que está prevista dentro do próprio pensamento marxiano.

Portanto, os próximos dois capítulos descrevem brevemente as linhas de argumentação centrais de cada perspectiva mencionada anteriormente para poder apresentar, em seguida, uma alternativa teórica de compreensão do papel da internet e das plataformas digitais para o capitalismo. Propõe-se substituir a busca por um paradigma único de análise da submissão ao capital das relações mediadas digitalmente, em geral, e das atravessadas pela web e por plataformas sociodigitais, em particular, pela compreensão de que essas constituem um campo de múltiplas estratégias de acumulação por diferentes capitalistas.

Dessa forma, a polêmica sobre um reconhecimento ou não em abstrato das atividades de profissionais das corporações da internet e usuários comuns das plataformas como trabalho produtivo dá lugar à análise caso a caso do papel que cumprem em diferentes momentos para apropriação privada da riqueza socialmente produzida, considerando a combinação de processos de extração de mais-valia com aquele que Harvey (2005) denomina de espoliação, atualização da categoria de acumulação primitiva proposta por Marx (2013). Nesse sentido, as contribuições de autores como Durand (2018), Bolaño (2012), Dantas (2012), Fuchs (2013) e Zuboff (2018) tornam-se complementares e não opostas.

Trabalho produtivo e improdutivo em Marx

Não consideramos necessária uma longa exposição do pensamento de Marx para recuperar sua concepção geral do capitalismo. Descrito de forma simplista, Marx (2011, 2013) caracteriza o capitalismo como o Modo de Produção social no qual a mercadoria se generaliza como mediação das relações e necessidades sociais; a acumulação de riqueza neste período histórico se dá sob a forma especificamente capitalista de valor extraído da exploração dos trabalhadores por meio da mais-valia e esta é produzida no tempo de trabalho excedente pelo qual o trabalhador assalariado não é remunerado. Além disso, a acumulação capitalista depende de que o ciclo do capital se complete por meio da compra e consumo das mercadorias, momento no qual o valor produzido pelos trabalhadores encontra sua realização no mercado, permitindo a cada capitalista reiniciar seu ciclo de investimento, produção e contribuição para a acumulação global do sistema.

Marx buscou construir uma crítica da economia política que se compreende o conjunto das determinações sociais do capitalismo enquanto totalidade social. Contudo, no presente texto, considera-se que seus métodos de análise e exposição trabalham com categorias que adquirem sentidos e mediações diferentes, dependendo do grau de abstração que se aplica, da escala com que se recorta a sociedade, do momento específico em que uma dada relação se encontra no processo de acumulação a ser analisado e, finalmente, do ponto de vista de um sujeito específico diante daquela relação social.

Isso ocorre porque Marx não formula seu método como uma ciência positiva que busca estabelecer por meio de "esforço de objetividade" categorias de validade universal a-históricas com definições axiomáticas, mera transposição dos métodos das ciências naturais para as sociais que desconsideram suas especificidades (Lowy, 2013). Ao contrário, em função de sua herança hegeliana, Marx propõe um encadeamento dialético permanente, no qual o movimento do pensamento busca acompanhar pela negação, conservação e superação constante das determinações epistemológicas das categorias o movimento dialético da própria realidade.

Cabe ressaltar que as categorias de Marx se aplicam às relações sociais, não a uma natureza intrínseca das coisas ou dos fatos. Uma mesma ação conduzida por um indivíduo pode ter significados completamente diferentes, dependendo do conjunto de relações sociais das quais participa a cada momento, ou, dito de outra forma, as ações idênticas de dois indivíduos em uma mesma plataforma podem expressar relações econômicas distintas, dependendo das relações econômicas globais em que cada um está inserido.

Ao fato de que a validade da aplicação das categorias marxianas deriva sempre do momento, da escala de abstração e da perspectiva específica de um sujeito quanto a uma dada relação atribuímos uma compreensão perspectivista ao pensamento de Marx[2]. Por exemplo, a definição de trabalho improdutivo e produtivo em Marx (1988) ocorre sempre do ponto de vista do capitalista, e não do conjunto da sociedade. É produtivo aquele trabalho que se troca diretamente por capital, ou seja, que se oferece já submetido à lógica da acumulação capitalista, no que Marx (1988) define como subsunção.

O que importa no capitalismo é se o trabalho é ou não produtivo de "valor", não de utilidades, portanto "o caráter específico do trabalho produtivo não se vincula em absoluto ao conteúdo concreto do trabalho" ou à "natureza do seu produto" (Marx, 1980, p. 137-128).

> O *mesmo tipo* de trabalho pode ser produtivo ou improdutivo. Quando Milton, por exemplo, escrevia o Paraíso Perdido por cinco libras esterlinas, era um *trabalhador improdutivo*. Em troca, é um *trabalhador produtivo* o escritor que trabalha para o seu editor ao modo do trabalho fabril. Milton produziu O Paraíso Perdido pelo mesmo motivo pelo qual o bicho-da-seda produz a seda: por um impulso de *sua natureza*. Depois vendeu a sua obra por cinco libras. Mas o proletário intelectual de Leipzig que sob a direção da editora produz livros (por exemplo, compêndios de economia), é um *trabalhador produtivo*; pois, desde o começo, seu produto se subsume ao capital e só para acrescer o valor deste vem à luz. Uma cantora que vende seu canto por conta e risco próprios é uma trabalhadora improdutiva. Mas, a mesma cantora, se um empresário a contrata para ganhar dinheiro com seu canto, é uma trabalhadora produtiva, pois produz capital (Marx, 1980, p. 395-396, grifos no original).

Do ponto de vista da produção de valor, é irrelevante se a mercadoria produzida é material ou imaterial, tangível ou intangível e seu valor de uso "pode ser totalmente insignificante" (Marx, 1980, p. 138). O fator decisivo é a liberdade: a produção de valor significa a hegemonia da lógica do valor de troca sobre o valor de uso, ou seja, a submissão da livre criação, dos inte-

---

[2] Que não guarda qualquer relação de sentido com as teorias perspectivistas oriundas da Antropologia, a não ser talvez de uma vaga inspiração.

resses e anseios do produtor ao único objetivo de acumular capital de seu patrão. Marx define especificamente que, no caso da "produção imaterial, mesmo quando se realiza exclusivamente para a troca - e, por conseguinte, produza *mercadorias*" (1980, p. 403, grifo no original), há duas hipóteses de acumulação capitalista.

Na primeira, o trabalho imaterial resulta em mercadorias, valores de uso que passam a existir de forma autônoma ao produtor e ao consumidor, existindo um intervalo de tempo mediando a produção e consumo. É o caso, por exemplo, das obras de arte que permanecem existindo após cessar a atividade de quem as cria ou do exemplo de Marx de algum "escritor que explora, para uma produção coletiva qualquer, por exemplo, uma enciclopédia, outros literatos na condição de subalternos" (Marx, 1980, p. 403). Na segunda, o produto é inseparável do próprio ato de produzir, como no caso dos professores assalariados que "embora não sejam, de nenhum modo, trabalhadores produtivos em relação a seus alunos, são considerados como tais pelo empresário que os emprega [...] este troca seu capital pela força de trabalho dos professores e se enriquece neste processo" (Marx, 1980, p. 404).

No entanto, Marx (1980) faz a ressalva de que nessas modalidades o Modo de Produção capitalista tem uma margem de aplicação muito reduzida pela própria natureza das criações e da atividade. Ele as considerava formas de transição à produção capitalista, já que, se elas poderiam contribuir para a acumulação do capitalista individual que as empregava, seriam insignificantes para a produção de valor em seu conjunto. Isso abre uma questão: não seria contraditório um trabalho produtivo do ponto de vista do capitalista que o emprega ser insignificante do ponto de vista global do capital? Afinal, esse trabalho produz ou não valor?

Mais uma vez, Marx adota uma definição perspectivista:

> [...] as definições fixas de renda e capital permutam-se e trocam de lugar entre si, parecendo ser, do ponto de vista do capitalista isolado, definições relativas que se desvanecem quando consideramos o processo global de produção. [...] É possível assim contornar a dificuldade se imaginamos que o que é renda para uns é capital para outros, e que essas definições nada tem por isso que ver com a particularização efetiva dos componentes do valor da mercadoria (Marx, 1981, p. 969).

Na medida em que renda e capital são relações sociais ou categorias que descrevem essas relações, diferentes sujeitos podem ter simultaneamente essas distintas relações com uma mesma parcela da riqueza socialmente produzida. Optamos por selecionar esses trechos não só para demonstrar como as categorias de Marx são sempre relativas a um recorte específico de análise, mas também porque eles serão relevantes para o debate dos diferentes enfoques teóricos tratados a partir de agora.

Cadeias tangíveis e intangíveis de produção

Escolheu-se analisar as perspectivas teóricas pertinentes à economia política da comunicação, em função do seu grau de concordância e ruptura com o cânone marxiano, dado que esse é o paradigma hegemônico na EPC (Dantas, 2012)[3], sendo referência inclusive para autores que pretendem refutá-lo. Em primeiro lugar, há autores como Durand (2017) que, em uma perspectiva crítica às teses do trabalho imaterial, considera que as plataformas digitais só atuam no processo da acumulação do capital na etapa da circulação e realização do capital:

> Na perspectiva escolhida aqui, a exploração do trabalho sempre desempenha um papel central na formação de uma massa global de mais-valia, mas o foco está nos mecanismos de captura do capital (intelectual monopolista) que permite acumular seus lucros, tomados a partir desta massa global de mais-valia, e limitando seu envolvimento direto na exploração (Foley 2013, p. 261).
>
> A economia digital é, portanto, uma economia de renda, não porque a informação seria a nova fonte de valor, mas porque o controle da informação tornar-se a melhor maneira de capturar valor (Durand, 2017, p. 8).

Para Durand (2017), a disseminação das tecnologias da informação permitiu a fragmentação das cadeias de produção de valor em escala global, com a distribuição de diversas etapas produtivas pela periferia capitalista, antes concentradas no capitalismo central. A concentração de valor e o retorno desses aos países centrais se dão então pelo endurecimento dos direitos de propriedade intelectual, caracterizando um capital intelectual

---

[3] Para além de dialogar com a principal tradição teórica da Economia Política da Comunicação, o autor considera a crítica da economia política marxista como a principal referência teórica do ponto de vista econômico. Para a comparação e as vantagens epistemológicas da contribuição marxista sobre a escola neoclássica e a tradição marginalista, ver Singer (1975) e Bensaid (2013). Para os limites específicos da escola neoclássica para pensar a economia da comunicação, ver Herscccovici (2014) e Bolaño (2000).

monopolista. Esse opera pela descentralização de ativos tangíveis, fábricas, insumos, por exemplo, articulada a centralização dos intangíveis.

O papel das plataformas digitais é o de integrar e coordenar essas cadeias globais de valor, articulando pacotes de gestão automatizada da produção, sistemas de relacionamento com clientes e de *Business* para *Business*. O controle sobre a infraestrutura de *software* oferece um papel central de governança das cadeias produtivas, o que permite uma captura desproporcional do valor em troca. Dessa forma, apesar da produção de valor passar majoritariamente para a periferia, as sedes das companhias nos países centrais acumulam o valor na forma de lucros advindos das rendas derivadas dos direitos intelectuais e pela concentração das vantagens das externalidades de redes nas etapas intangíveis da acumulação.

Segundo Durand (2017), essa crescente desconexão entre o tangível e o intangível é acompanhada por um aumento poderoso da lógica de captura de valor em detrimento da produção, o que contribui para a estagnação contemporânea e alimenta o salto na financeirização. Nos termos de Marx, podemos observar como Durand (2017) considera que a produção de valor ocorre exclusivamente apenas nas etapas tangíveis das cadeias de produção, do que decorre que o valor obtido pelos capitalistas proprietários de plataformas intangíveis se dá por meio da extração de rendas do ponto de vista global do capitalismo.

Escolheu-se Durand (2017) como representante atual de uma tradição no pensamento marxista, que compreende os processos de produção de valor a partir da hegemonia da produção fabril na criação de riqueza e, ao mesmo tempo, busca dialogar com os autores da Economia Política da Comunicação. Além disso, considera-se que o conceito em si de Capital Intelectual Monopolista é válido como representante da concentração de capital, a partir do investimento na centralização dos fluxos de informação, por meio de propriedades intangíveis. Embora não o cite, o trabalho de Durand (2017) possui muitas afinidades com as reflexões de David Harvey (2018) sobre o papel das tecnologias da informação no Modo de Acumulação Flexível. O geógrafo descreve como com a Internet é possível combinar em tempo real o trabalho social de indivíduos em uma escala sem precedentes, independentemente da distância geográfica, barreiras linguísticas e culturais. Além de não haver qualquer necessidade de uniformização das condições de trabalho desses empregados em escala global, já que sua pressão coletiva para que essas sejam niveladas por cima é dificultada pela fragmentação espacial, desigualdades de condição de organização local e mesmo compreensão de que possuem um vínculo em comum.

Essa é outra dimensão da acumulação flexível favorecida pela Internet, possibilitando a existência do que Dantas (2012) denomina de "corporações rede", capazes de mobilizar trabalho escravo, precário, terceirizado e assalariado formal qualificado em uma mesma cadeia produtiva global que explora as vantagens competitivas locais de cada região. Harvey (2018) aponta, portanto, como a escala do Capital possibilitada pelos fluxos intangíveis determina uma assimetria de informação entre patrões e empregados sobre a própria compreensão da luta de classes, apesar da possibilidade de que venham a emergir no futuro relações de solidariedade coordenadas entre trabalhadores de diferentes lugares e empresas envolvidos em uma mesma cadeia de produção planetária.

Contudo, Durand (2017) apenas analisa o papel de bens intangíveis nas cadeias de produção de bens tangíveis, desconsiderando o mercado de bens intangíveis e mesmo os processos de consumo de bens tangíveis. Embora inicie sua exposição citando o Facebook e o Google, sua análise é focada na cadeia de produção de bens de varejo e sua abordagem geopolítica focada nas contribuições da economia da informação para as relações espaciais ignora um elemento central da acumulação capitalista: o tempo.

Meios digitais e a aceleração do capital

É o caráter intangível das trocas que ocorrem por meio da rede virtual seu maior valor para o capitalismo global. Essas trocas podem, diferentemente das envolvendo bens tangíveis, ocorrer em escala global em volume e velocidades que tendem ao infinito, ou seja, o tempo necessário para um volume cada vez maior de trocas ocorrer tende a reduzir-se a próximo de zero. Logo, a Internet é o meio perfeito para a realização do que Marx (2011, p. 699) denominou de "a anulação do espaço pelo tempo", ou seja, a aceleração do tempo de giro do capital por meio da redução do seu tempo de circulação graças ao desenvolvimento da comunicação e do transporte.

Embora a mais-valia da qual cada capitalista retira seu lucro seja extraída no momento da produção, a realização desse valor, como já dito, só ocorre por meio do ciclo global de reprodução do capital. Na esfera da circulação, o capital na forma de mercadoria é trocado pelo capital na forma de dinheiro, para que este possa ser reinvestido e o ciclo se repita (Marx, 2011). Caso a mercadoria não seja vendida na circulação, o valor não se realiza. Enquanto relação social, o capital depende de estar sempre em movimento. Capital imobilizado é tempo de desvalorização do capital, desvalorização equivalente à quantidade de tempo de trabalho excedente alheio que poderia estar mobilizando enquanto está parado (Marx, 2011).

Portanto, a redução do tempo de circulação do capital equivale a sua valorização na mesma medida em que a ampliação do tempo de trabalho excedente, isto é, a ampliação da extração de mais-valia. Marx (2011) exemplifica que uma quantidade menor de capital que circula mais rápido vai ter o mesmo processo de valorização que uma quantidade de capital maior que circula mais devagar. Essa é uma observação relevante, porque a aceleração do tempo de giro do capital se torna uma contratendência à tendência da queda da taxa de lucro. Por exemplo, se uma dada massa de capitais completa seu ciclo de rotação quatro vezes mais rápido em um ano, a acumulação de seu capitalista dobrará de tamanho, mesmo que a sua taxa de lucro sofra uma queda pela metade (Bensaid, 2013).

Para Marx (2011), o aumento da eficiência dos meios de transporte e comunicação, atividades nomeadas por ele indistintamente como "comunicação", era fundamental para a redução do tempo de circulação do capital. Basta pensar quanto tempo era gasto em uma transação mercantil transatlântica até a invenção do telégrafo. A comunicação da demanda de uma mercadoria por parte de um cliente, a negociação entre cliente e vendedor, o acordo do negócio e o transporte da mercadoria demoravam diversas viagens de navio, simultaneamente o meio de comunicação entre comerciantes e o de entrega das mercadorias.

A Internet permite hoje que a demanda e a oferta de todas as mercadorias existentes no mundo sejam comunicadas e se conectem em tempo real, quase instantaneamente, independentemente da distância, em verdadeira "anulação do espaço pelo tempo". No caso de mercadorias intangíveis, como produtos audiovisuais, não se trata só de comunicar a demanda e a oferta, mas de efetivamente em tempo real, no momento em que essas se combinam, permitir ao consumidor consumi-las de qualquer local do planeta com acesso à Internet.

A mobilidade por meio de uma rede de informações global é especialmente relevante para uma mercadoria intangível especial: a moeda. As transações monetárias entre instituições financeiras de todo o mundo são praticamente instantâneas do ponto de vista humano. A mobilidade do capital conseguida pela Internet é elemento fundamental do que David Harvey (2018) denomina de regime de acumulação flexível. Na ciranda financeira, onde o capital aparenta reproduzir-se por si mesmo por meio da sua capacidade de se deslocar cada vez mais rápido no sistema de crédito, cabe definir: o que é um instante? É o período de tempo durante o qual ocorre algo instantâneo, ou seja, o limiar a partir do qual nossa capacidade de percepção passa a ser incapaz de identificar a duração dos eventos. Um instante humano provavelmente trata-se de uma eternidade para um beija-flor que controla suas asas até 90 vezes por segundo.

Se a velocidade potencial das transações de capital por meio digital ultrapassou a capacidade humana de percepção, significa que ultrapassou a capacidade humana de decisão de investimento. Mas a partir do momento em que existe potencial de realizar cada vez mais movimentos de capitais[4] dentro de um mesmo instante, no qual o investidor mais rápido do mundo conseguiria realizar no máximo uma transação, está criada uma enorme demanda de criação de agentes capazes de tomar decisões em escalas sobre-humanas. Inclusive porque, assim como a noção de instante, a compreensão dos estados do capital como parado e em movimento é relativa à escala de tempo socialmente necessária para movimentá-lo. No momento em que um segundo deixa de ser o período mínimo de tempo necessário para que um capital seja investido por algum agente, qualquer capital que passe um segundo sequer sem estar investido em algo está parado, ou seja, desvalorizando-se.

Essa conclusão leva a um forte incentivo para o desenvolvimento de processos automatizados capazes de tomar decisões humanas, não só substituindo aquelas que humanos tomam cotidianamente, mas principalmente tomar decisões em escalas de tempo, volume e grau de informação sobre o mercado incapazes de serem atingidas por pessoas. Como desenvolvemos adiante, essa é uma das tendências históricas por trás da criação de algoritmos digitais que hoje, por exemplo, executam sem supervisão humana 90% das operações das bolsas norte-americanas (Trevisan, 2018).

---

[4] Fictícios, porque ocorrem separados da esfera da produção, resultando na acumulação de enormes quantidades de capitais que, em algum momento, quando confrontados com a expectativa de realização, terão que ajustar sua assimetria, com a base real econômica da sociedade pelo processo de intensa desvalorização (Bensaid, 2013). Em outras palavras, as crises cíclicas com origem no sistema financeiro que destroem enormes quantidades da riqueza mundial, destruição que se traduz na queda das taxas de crescimento ou mesmo pela diminuição dos PIBS nacionais e, em casos mais graves, do PIB mundial.

Ao mesmo tempo, a aceleração do ciclo do capital no mercado financeiro depende de mecanismos que, em primeiro lugar, surgiram para permitir o investimento em iniciativas cujo tempo de realização do capital seria mais longo e seu ciclo mais dilatado.

O Capitalismo foi capaz de desenvolver as forças produtivas mais do que qualquer outro regime econômico, por ter sido capaz de mercantilizar o futuro, constituir um mercado de expectativas de riqueza futuras no qual o retorno de capital é equivalente ao risco envolvido. A constituição das bolsas de valores, literalmente denominadas mercados de futuros, permitiu a socialização do risco de investimento em qualquer atividade entre o capitalista responsável por conduzi-la e seus acionistas. Risco muito alto dividido por um número muito grande de acionistas faz com que o risco para cada um deles pareça menor. Dessa forma, foram financiadas grandes obras, grandes indústrias e outras iniciativas que dependem de anos de investimento antes que ofereçam o primeiro período de lucro.

Quanto mais alta for a expectativa de retorno financeiro futuro de uma atividade, mais compensará o investimento nela no presente, mesmo que sem lucros imediatos. Ou seja, enquanto a expectativa crescer, o capital investido parecerá estar se valorizando, mesmo que a realização do valor envolvido naquela atividade ainda não tenha ocorrido ou, na verdade, em um processo puramente especulativo, nunca venha a ocorrer. Até que venham as crises financeiras, a confiança se torne mercadoria escassa, os investidores busquem realizar seus ganhos, os investimentos tenham que demonstrar seu lastro real para justificar seu valor de mercado e, como consequência, volumes imensos de capital se demonstrem fictícios e desapareçam. O centro da questão é que, em grande parte o Capital atual investido no mercado financeiro, extrai-se sua fonte de aparente valorização das expectativas sobre o futuro. Quem melhor, mais cedo e de forma mais exclusiva conhecer o futuro mais dinheiro ganha, porque tem a possibilidade de concentrar ao máximo as ações correspondentes às apostas corretas.

Até a década de 1980, saber as apostas corretas dependia em grande parte de dominar informações privilegiadas, manipular as expectativas dos demais de forma a conseguir fazer profecias autorrealizadoras e de intuição. A partir de 1990, matemáticos e físicos altamente capacitados conseguiram aplicar em grande escala modelos matemáticos a mercados financeiros que buscam definir a incerteza futura envolvida em um determinado investimento, em função das informações disponíveis hoje. Especificamente, matematicamente definiram como dar valor a uma opção a partir de correlações e padrões de mercado (Harvey, 2011).

Esse momento marca a algoritmização do futuro, com algoritmos preditivos sendo escritos e aplicados por matemáticos humanos que se tornaram grandes investidores, embora alguns tenham sido presos por fraudes (Harvey, 2011). O próximo passo foi o desenvolvimento de algoritmos digitais automatizados, capazes de construir modelos matemáticos da realidade que, a partir das informações atuais, possam prever as probabilidades de tendências futuras e tomar decisões (O'Neil, 2016).

No quarto capítulo será detalhado o que são e como funcionam os algoritmos digitais. Contudo se a Internet e as tecnologias da comunicação favorecem a acumulação do capital como um todo, é necessário compreender como ocorre a acumulação de capital especificamente na Internet. Se há produção de riqueza na Internet, a forma como ela é privatizada e como adquire valor de troca, sua forma social no capitalismo (Marx, 2013) são os temas dos próximos dois capítulos deste livro.

ATIVIDADES DIGITAIS E PRODUÇÃO DE MAIS-VALIA: CONTROVÉRSIAS TEÓRICAS

Diferente de Durand (2017), um conjunto de outros autores (Bolaño, 2000, 2012; Beller, 2006; Bueno, 2017; Dantas, 2006, 2012, 2014; Zuboff, 2018; Fuchs, 2015; Silveira, 2017) considera que processos de produção imateriais por meio de tecnologias digitais contribuem diretamente para a acumulação capitalista, ou seja, produzem valor. A diferença entre esses autores pode ser definida em torno de três eixos principais: se a teoria da extração de mais-valia do trabalho humano se aplica às relações mediadas pela Internet e se ela ainda ocorre em função do tempo; se há produção ou não de mercadorias no meio digital e quais seriam elas; e quem são os produtores de valor acumulados pelos capitalistas das plataformas digitais. Em comum, há a preocupação de compreender como relações sociais fora do marco do trabalho assalariado industrial, mas submetidas à lógica do capital, contribuem para sua acumulação.

Fuchs (2015), Bolaño (2000, 2012) e Dantas (2012) defendem a validade da teoria da mais-valia baseada na medida do tempo apropriado do trabalho alheio não pago, para as relações mediadas pela Internet, inspirados de formas diferentes pela teoria da mercadoria audiência inicialmente proposta por Smythe (1977). A teoria da mercadoria audiência é a forma pela qual procura-se compreender a mercantilização da atenção humana, a partir da teoria do valor trabalho, considerando insuficiente a abordagem neoclássica de definir o valor da atenção apenas na esfera da circulação.

Um dos primeiros teóricos da inteligência artificial, Herbert A. Simon, é indicado como o primeiro pensador a teorizar a atenção enquanto um recurso econômico (Festré; Garrouste, 2015; Bueno, 2017). Aplicando a lógica da oferta e demanda à informação, Simon (1971) considerou que a abundância cada vez maior de conhecimento e dados disponíveis cria uma escassez de atenção, levando à necessidade de mecanismos de alocação eficientes da atenção sobre o excesso de fontes que a consomem.

Os estudos da economia da atenção focaram, portanto, nas estratégias de negócios para atrair a atenção dos usuários e aumentar sua utilidade, fornecendo-lhes mais informação relevante. Um problema clássico desses estudos é a questão do *spam*, a distribuição em grande escala de informação não requisitada pelos consumidores. Festré e Garrouste (2015) descrevem as duas principais abordagens teóricas não marxistas para a questão: a economia da atenção como ramificação da economia da informação, derivada da teoria matemática da comunicação de Shannon, e os estudos focados em modelos econômicos de gestão voltados para a adequação da oferta e da demanda.

Na tradição referenciada em Shannon, a atenção ocorre em função da improbabilidade de um evento acontecer e da frequência de eventos passados similares, fornecendo uma medida do grau de novidade. Eventos nunca experimentados antes atraem atenção pelo seu alto valor de surpresa (Festré; Garrouste, 2015). Nesse contexto, a produção incessante de novidades se torna uma estratégia relevante da captura de atenção e o problema do spam se coloca em grande parte pela redundância dos conteúdos, ao qual a exposição constante e massiva diminui a atenção. Por outro lado, há estudos focados na permanente tensão de interesses entre produtores e consumidores de informações. Empresas buscam captar ao máximo a atenção de clientes ou públicos para ganhar dinheiro com isso; enquanto consumidores procuram soluções para proteger sua atenção da sobrecarga de informação e poluição (Festré; Garrouste, 2015).

A partir de 1997, diversos autores buscam aplicar as teorias desenvolvidas a partir de Simon para compreender a emergência das possibilidades econômicas da Internet (Bueno, 2017). Por exemplo, Goldhaber (1997) considera que a abundância de informações na Web transforma a atenção em um recurso intrinsecamente escasso, ao mesmo tempo que a torna uma plataforma especialmente relevante para a captura de atenção por dois motivos. Em primeiro lugar, pela facilidade inédita de distribuição e consumo audiovisual pela rede favorecida pelo hipertexto e hipermídia. Em segundo, a Internet oferece ferramentas de análise instantânea do público do qual se capturou a atenção, permitindo medi-la detalhadamente e fabricar audiências personalizadas. Essa segunda característica apontada por Goldhaber (1997) será de fundamental importância para compreender a economia da Internet como será debatido por meio da concepção de capitalismo de vigilância (Zuboff, 2018) e o mercado de dados pessoais (Silveira, 2017).

Apesar da relevância da economia da atenção para o estudo da Internet, Bueno (2017) destaca que a compreensão da atenção apenas como mercadoria, cujo valor é definido por mecanismo de oferta e demanda, desconsidera as condições assimétricas e de classe da produção e distribuição de atenção. Ecoando a crítica de Marx (2013) à concepção de valor dos economistas clássicos, Bueno (2017) destaca que a economia da atenção constitui um mecanismo concreto para explorar trabalho não pago, gerando mais-valia a partir da colheita de preferências, interesses e hábitos do consumidor.

Segundo Bolaño (2000), Bueno (2017) e Dantas (2017), a proposição de que o ato humano de assistir uma mídia constituiria uma forma de trabalho foi inicialmente feita por Smythe (1977), ao propor a audiência como mercadoria fundamental da Indústria Cultural analisando a radiodifusão, especialmente a televisão. Contudo, como abordaremos a seguir, a mercantilização da atenção humana encontrou um *medium* de massas e gerou análises muito antes da televisão, a partir da emergência do cinema.

A origem da atenção subordinada ao capital: o cinema

Já Adorno (1983) descrevia como na Indústria Cultural há um valor de troca, no qual cada filme só interessa ao capitalista em função da audiência que cria, paga e consome. Esse valor de troca assume ficticiamente a "forma de valor de uso para a audiência enquanto tempo livre, lazer colonizado como entretenimento, felicidade baseada em consumir em série, mais do que nas qualidades únicas de cada obra" (Adorno, 1983, p. 84). Essa audiência seria aproveitada não só pelo capitalista do cinema, mas pelos demais enquanto classe, ao ser um meio de naturalizar o consumo como fundamento da existência e como capitalistas particulares, por meio de anúncios e pelo *merchandising* de produtos exibidos nas telas e nas vidas dos artistas formadores do *star system*, em um prenúncio do que Debord (1997) denominou espetáculo.

O cinema não foi inspiração apenas para Adorno. Beller (2006), ao analisar em uma perspectiva histórica como se construiu ao longo de um século um regime de visualidade produtivo, destaca que, embora houvesse regimes anteriores que organizaram a visão, a noção de expropriação que funda a mercantilização das relações sociais sensoriais tem um marco definitivo com o cinema comercial. Beller (2006) considera a economia da atenção como uma generalização das relações em primeiro lugar desenvolvidas pelo capital por meio do cinema e que hoje caracterizam a sociabilidade em geral. Segundo o autor, é por meio da imagem cinemática que se produz o imaginário pelo qual um conjunto de relações sociais, psicológicas e materiais constituem a formam pelo qual os indivíduos vivem. Na medida em que trabalhamos por meio de imagens, em um *continuum* audiovisual digital, as funções de imaginação estão condicionadas e subordinadas na percepção em si.

Nesse contexto, para Beller (2006), o regime de acumulação baseado na atenção deve ser denominado Modo de Acumulação Cinemática, em que a experiência do espectador se torna o paradigma formal da organização social e a captura da atenção por parte do Capital um processo pelo qual ele se valoriza. O cinema é a primeira mídia que produz o indivíduo espectador. Na transformação dos indivíduos em espectadores, o trabalho de audiência não se constitui em fruição passiva do conteúdo da Indústria Cultural, mas em uma forma específica de atenção condicionada pelo Capital.

O Modo de Produção Cinemático é um regime de visualidade que disciplina os seres humanos a compreender as narrativas por um conjunto de regras implícitas, educando a percepção dos seres humanos para uma organização racional do tempo e do movimento condizente com a produção capitalista análoga à linha de montagem da fábrica (Beller, 2006). Nesse sentido, o ato de prestar atenção do espectador se configura enquanto trabalho, na medida em que é alienado, sofre subsunção real por parte do capital nos termos de Marx (2003), ao ser governado por uma razão alheia à do indivíduo.

A montagem cinematográfica estendeu a lógica da linha de montagem taylorista para o sensório, trazendo a revolução industrial para o olhar. Em vez de agregar uma peça a outra na linha da fábrica, a partir de uma lógica de comando alheia a si, os indivíduos aprenderam a fazê-lo também na junção de imagens em sequência, atribuindo a elas um sentido esperado e, ao mesmo tempo, abrindo mão de atribuir por si próprio outros sentidos (Beller, 2006). Em contraponto às afirmações generalizantes de Beller (2006), é necessário ressaltar que cada indivíduo em dado momento pode vir a propor sentidos distintos dos esperados pelos industriais das narrativas fílmicas, seja como trabalhadores da indústria ou como espectadores.

Coutinho (2012) aponta como, mesmo submetidos à hegemonia do capital no conjunto das suas relações sociais, há uma dimensão da consciência popular que, por mais fragmentada e contraditória que seja, expressa-se em oposição à dominação mercantil da vida. É aquilo que Gramsci (2003) denominou de bom senso, a parte do senso comum popular contraditória com as relações de opressão e exploração que cria novos sentidos em conflito com as determinações esperadas pelo capital. Descrições como as de Beller (2006) parecem não prever espaço para que o bom senso e a rebeldia da percepção e da imaginação ocorram em tensão com a lógica social hegemônica dos modos de visualidade.

Podemos situar Beller (2005) dentro de uma matriz frankfurtiana, da qual o grande exemplo é Adorno (1983). Adorno (1983) considera que, mesmo que os trabalhadores da indústria do cinema construam mensagens de revolta pelos filmes e essas sejam compreendidas pelo público, estão destinadas apenas a reforçar a dominação. Para Adorno (1983), toda produção cultural popular na sociedade da mercadoria, caso expresse a voz de um grupo social oprimido, cumprirá apenas o papel de catarse para as massas, uma falsa liberação que reconcilia as pessoas com sua infelicidade. Os protestos diretos ou as experimentações de modos de ser e representar subjetividades não subordinadas ao capital apenas reafirmam a lógica de que ele é um regime de liberdade e, na sua marginalidade, essas experiências apenas legitimam e reforçam a hegemonia do capital.

Eduardo Coutinho (2011) ressalta como essa visão de Adorno é elitista, passiva e politicamente impotente, porque desconsidera que os produtores culturais podem expressar uma historicidade e uma consciência de classe, mesmo que deformada pela forma mercadoria. Barbero (2009), concordando com as críticas de Coutinho (2011), busca em Walter Benjamin, ironicamente outro pensador associado à Escola de Frankfurt, uma alternativa à percepção pessimista da dominação da Indústria Cultural proposta por Adorno. Segundo Barbero (2009, p. 83), Walter Benjamin é o primeiro pensador "a analisar como o cinema corresponde a modificações de longo alcance no aparelho perceptivo". Em oposição à compreensão dos meios de comunicação como instrumento fatal de uma alienação totalitária, Benjamin percebe que o poder organizador da percepção toma a forma de hegemonia, o que abre espaço para contradições.

A Indústria Cultural permite uma experiência social que, por um lado, favorece a dominação percebida por Adorno (1983), mas, por outro, oferece às massas um novo *sensorium,* a partir do qual os oprimidos configuram alguns modos de resistência e percepção do sentido. Em resumo, Barbero (2009) considera que as relações articuladas pela Indústria Cultural não podem ser lidas apenas a partir da intencionalidade do capital e seus agentes, mas mediadas pela cultura e pela política.

Considerada essas ressalvas, a possibilidade de releitura dos espectadores não anula a influência de uma lógica geral do capital de construção de percepção por meio do cinema e dos demais *mediuns*. Assim como a produção de obras audiovisuais abertas, experiências sensoriais fora da concepção *estandardizada* de cinema permanecem marginais em nossa sociedade, especialmente em termos de distribuição e audiências. Portanto, nesta obra não se compreende o Modo de Produção Cinemático como regime de visualidade "total", o que aparenta ser a compreensão de Beller (2005), mas como hegemônico. Com essa ressalva, a contribuição de Beller (2005) é relevante ao descrever como o cinema implementou um paradigma cibernético e behaviorista de estímulo e resposta, condicionando padrões mentais junto com a audiência, modelo desenvolvido pioneiramente por Sergei Eisenstein (1934).

> [...] sou um engenheiro civil e um matemático do ponto de vista do método, monto filmes como sistemas hidráulicos. Meu ponto de vista é utilitário, racional, materialista [...] As funções humanas podem ser controladas por máquinas planejadas racionalmente [...] (nosso objetivo é) conceber, na teoria e na prática, uma construção que provoque uma cadeia de reflexos incondicionados necessários, que estão, à vontade do editor, associados a fenômenos predeterminados e, desse modo, criar a cadeia de novos reflexos condicionados que esses fenômenos constituem (Eisenstein, 1934 apud Beller, 2005, p. 83).

Portanto, a tecnologia do cinema foi monopolizada pela indústria cinematográfica, pioneira em transformar a mercadoria em imagem e em concentrar e mercantilizar atenção humana. Nesse contexto, a sala de cinema se torna laboratório do Capital para desenvolver relações que depois se expandiram para o conjunto dos *mediuns* audiovisuais: o controle da economia dos sentidos dos indivíduos, com a imersão em um ambiente, onde o capital hegemoniza os fluxos sensoriais do corpo, subordinando os demais a visão. Esse predomínio da visualidade já era apontado por Debord (2003) na definição da sociedade do espetáculo. Para Debord (2003), a captura da atenção e do tempo de vida humano pela mediação de imagens organizada sob controle do capital era condição fundamental da hegemonia global do capitalismo. Ao reduzir sua existência ao consumo permanente de imagens de outros, os consumidores abrem mão da própria história, da possibilidade de construírem uma identidade única forjada em uma vivência particular que traga ao mundo novas realizações e novos signos. Guy Debord descreve essa situação na relação entre espectadores e a televisão: "quanto mais contempla menos vive, quanto mais aceita reconhecer-se nas imagens dominantes, menos compreende sua própria existência e seu próprio desejo" (Debord, 2003, p. 30).

A inovação do conteúdo gerado por usuário na base de plataformas sociais como Facebook e Instagram não altera essa lógica, na medida em que os usuários hegemonicamente produzem imagens e conteúdos orientados para o consumo dos demais, ou seja, condicionados também pelo objetivo de acumular audiências, cujos padrões de percepção já foram constituídos pelo Modo de Produção cinemático. A expectativa dos usuários torna-se alcançar audiências metrificadas em curtidas, o que exige atuarem na sua produção de conteúdo dentro de modelos de previsibilidade do que são imagens e corpos bem-sucedidos em acumular atenção e aprovação social. É a "renúncia à individualidade que se amolda à regularidade rotineira daquilo que tem sucesso" (Adorno, 1983, p. 31). A *estandardização* da Indústria Cultural atinge a própria interioridade humana, a subjetividade do indivíduo. Nesse momento, sua interioridade fica completamente colonizada por sua exterioridade, o *ser* refém do *parecer* e este disciplinado pelo padrão do sucesso hegemônico.

Fica abolida a fronteira entre dentro e fora, forma e conteúdo: em relação ao homem que age, a exterioridade do espetáculo aparece no fato de seus próprios gestos já não serem seus, mas um outro que os representa por ele (Debord, 2013). Como diria Marx (2013), é o caráter fetichista da mercadoria como espelho que inverte as relações; de forma que as relações entre os homens se apresenta como relação entre seus produtos, suas imagens, e os próprios homens se compreendem enquanto imagens. A civilização burguesa é tão mais resistente quanto mais desenvolvida forem seus meios de construir consenso, quanto cada vez mais ela for capaz de organizar e construir a visão de mundo dos subalternos. A constituição de um regime de visualidade hegemônico é literalmente condicionar a visão do que é possível ou não, especialmente em um tempo no qual os indivíduos compreendem o mundo e suas possibilidades cada vez mais por meio de imagens.

Nesse sentido, a Indústria Cultural e o espetáculo ganham um novo sentido, não mais apenas o de experiências de alienação e reificação, mas como um formidável meio de dominação política, na medida em que, conforme se expandem, cresce também o monopólio das classes dominantes sobre a produção de sentido, de leitura e visão de mundo, de determinar o que é o real. Um mundo onde a Indústria Cultural elevou a mediação espetacular à totalidade da experiência humana é um pesadelo gramsciano, porque representa a mais "ocidental" das sociedades, o domínio hegemônico sobre cada troca simbólica, sobre cada interação humana. Nesse espaço-tempo espetacular das plataformas sociais, a circulação humana se dá como consumo, subproduto da circulação das mercadorias, atenção e dados. O "emprego generalizado dos receptores da mensagem espetacular [...] faz com que o seu isolamento se encontre povoado pelas imagens dominantes" (Debord, 2003, p. 43).

Bolaño (2000) destaca que a EPC tem por objetivo compreender de forma integrada a função publicidade, comercial, e a função propaganda, política, da Indústria Cultural. A compreensão da economia da atenção por meio do espetáculo e do Modo de Produção cinemático considera essas duas dimensões, mas tanto Adorno (1983), quanto Debord (2003) e Beller (2006) não se ocupam de explicações sobre a audiência do ponto de vista de como se estabelecem as equivalências de valor entre essa mercadoria e as demais, ou seja, de uma teoria do valor-trabalho.

Em seguida, para compreender melhor a dimensão comercial da economia da atenção, será debatida a relação da audiência com as diferentes teorias da mais-valia presentes no campo da economia política da comunicação.

Audiência como mercadoria: trabalho na indústria cultural

Apesar do pioneirismo de Adorno (1983), foi Smythe (1977) quem primeiro sistematizou uma teoria do "trabalho audiência" produtor da "mercadoria audiência". O trabalho de audiência seria o ato de prestar atenção por parte dos espectadores, no qual esses aprenderiam a comprar determinados produtos. Produtos esses das companhias que comprariam a mercadoria audiência, a atenção dos espectadores, pagando por tempo publicitário nos meios de radiodifusão comercial (Smythe, 1977). Em resumo, para Smythe (1977), o mercado publicitário é onde se negocia o fruto do trabalho dos espectadores, os quais não só produzem a audiência, como a demanda pelos produtos industriais na fase monopolista do capitalismo. A compreensão dos consumidores como produtores desenvolvida por Smythe (1977) terá grande relevância nos debates da Economia Política da Internet.

Jhally e Livant (1986) argumentam que a conceituação de Smythe (1977) do público como a mercadoria produzida e vendida pelas redes de mídia carece de uma determinação teórica rigorosa. Para eles, a mercadoria que os anunciantes compram das redes de mídia não é uma audiência em abstrato, mas tempo de audiência. Além disso, eles destacam que, quando ocorre a venda para um patrocinador, não é um tempo de audiência em abstrato que se vende, mas o de audiências particulares, justificando a variação do preço em função da faixa e horário de programação, por exemplo. Segundo eles, a produção do conteúdo a ser consumido pelos espectadores por profissionais assalariados das redes deve ser diferenciada da produção de tempo de atenção da audiência por parte do público. Portanto, o ato de assistir é uma nova forma de trabalho, atividade de valorização (Jhally; Livant, 1986).

As empresas de televisão vendem a audiência por um preço mais alto do que seus gastos em produzir o conteúdo que a atrai. Dessa forma, o público pode ser dividido entre "tempo de exibição necessário" para cobrir o custo de produção do conteúdo de mídia e "tempo de exibição excedente", a fonte de lucro das redes de mídia (Jhally; Livant, 1986). Pode-se objetar que os espectadores não se encontram dentro de uma relação assalariada, na qual suas ações estão a serviço e sob comando direto de um capitalista, logo, mesmo que se considere o ato de assistir como trabalho, tratar-se-á de trabalho improdutivo, segundo Marx (1981).

Nesse sentido, Bolaño (2000) discorda de Jhally e Livant (1986), assim como de Smythe (1977), por considerar que a produção da audiência não está dissociada à do conteúdo por parte dos profissionais da Indústria Cultural. Bolaño (2000) realiza uma ampla revisão das diferentes tradições da EPC para propor uma teoria geral da Indústria Cultural baseada no caráter duplo da mercadoria cultural. Segundo Bolaño, o "trabalho dos profissionais das indústrias culturais teria a especificidade de criar duas mercadorias de uma vez: o objeto (programa, jornal, filme) ou serviço cultural e a audiência" (Bolaño, 2000, p. 43). Com a exceção desse caráter duplo da mercadoria produzida por esses trabalhadores, a teoria da mais-valia de Marx (2013) se aplicaria perfeitamente a eles.

Para Bolaño (2000), o trabalho concreto dos profissionais da cultura captura a atenção concreta dos espectadores. Contudo, não é o acesso ao indivíduo concreto que a publicidade vende, mas uma quantidade, determinada em medidas de audiência, de homens e de mulheres, de consumidores potenciais, cujas características individuais só podem ser definidas em médias. É a um indivíduo médio, um ser humano abstrato, assim como a unidades de tempo homogêneas, tempo de exibição, que a audiência se refere, e esses derivam sua quantidade da medida de trabalho abstrato dos trabalhadores culturais.

Atividades digitais e produção de mais-valia

Em obra mais recente, Bolaño (2012) apresenta sua hipótese de que, para a produção de valor na Internet, a interação dos usuários e o conteúdo que eles produzem não têm nenhuma dimensão diretamente produtiva para o capital. Nessa perspectiva teórica, a atenção e os dados gerados pelos usuários, incluindo o conteúdo originado por eles, servem de insumo para a produção de uma mercadoria denominada audiência, por meio da combinação do trabalho morto dos algoritmos com o trabalho vivo dos analistas de dados e programadores assalariados das corporações, a qual será vendida pelas plataformas para a publicidade de outras companhias (Bolaño, 2012).

Portanto, plataformas como o Facebook e o Google apenas atualizam um modelo de negócios tradicional da Indústria Cultural, em que a audiência produzida possui o valor de uso para os demais capitalistas de garantir potenciais vendas, e toda a massa de mais-valia deriva do trabalho dos assalariados das corporações da Internet. Por exemplo, no caso do WhatsApp, com seus 1,5 bilhão de usuários mensais e U$$ 5 bilhões de receita anual estimada (How much..., 2017)[5], toda a mais-valia viria do trabalho de 55 empregados, dos quais 32 são engenheiros.

Fuchs (2015) discorda de Bolaño: as informações produzidas pelos usuários que permitem mapear as audiências segmentadas buscadas pelos anunciantes não seriam apenas insumo trabalhado por outros, mas fruto de trabalho dos próprios *prosumers*. *Prosumers* são os usuários cujo consumo é imediatamente trabalho não remunerado disfarçado de acesso gratuito às plataformas. Fuchs (2015) e Dantas (2014) concordam ao afirmar que esse trabalho é produtor de mais-valia, embora discordem quanto à forma pela qual a extração de mais-valia define sua quantidade de valor.

O trabalho dos técnicos assalariados das plataformas digitais também participa da construção dos dados que serão úteis aos anunciantes, segundo Fuchs (2015), mas esse trabalho assalariado se combina com o trabalho gratuito dos usuários, no que Marx (2004) denominou trabalho socialmente combinado. Machado (2016) e Dantas (2012) sistematizaram as passagens em que Marx descreve as características do trabalho socialmente combinado. No trabalho socialmente combinado, "o caráter cooperativo do próprio processo de trabalho amplia [...] necessariamente o conceito de

---

[5] O Facebook não torna público a receita de cada um dos seus serviços, informação reservada aos seus acionistas. Portanto, a receita específica do WhatsApp só pode ser estimada.

trabalho produtivo" (Marx, 2013, p. 136). Para "trabalhar produtivamente, já não é necessário [...] pôr pessoalmente a mão na obra; basta ser órgão do trabalhador coletivo, executando qualquer uma de suas subfunções" (Marx, 2013, p. 136), pois

> [...] não é o operário individual que se converte no agente real do processo de trabalho no seu conjunto mas sim uma capacidade de trabalho socialmente combinada [...] um trabalha mais com as mãos, outro mais com a cabeça [...] é absolutamente indiferente que a função deste ou daquele trabalhador, mero elo deste trabalhador coletivo, esteja mais próxima ou mais distante do trabalho manual direto (Marx, 2004, p. 110).

Para Fuchs (2015), nessa combinação, o trabalho dos usuários comuns é inclusive mais decisivo do que dos profissionais da empresa, na medida em que a contribuição desses em grande parte já está congelada na forma de trabalho morto, por meio de códigos, algoritmos e procedimentos automatizados. Por exemplo, Fuchs argumenta que se os usuários comuns do Facebook se negarem a acessar e interagir na plataforma, a empresa imediatamente perde a capacidade de seguir fornecendo seu valor de uso para os anunciantes, ou seja, de vender publicidade. Já se os trabalhadores assalariados do Facebook se negarem a trabalhar, não haverá um efeito imediato de interrupção dos lucros do Facebook, na medida em que a interação entre usuários e o trabalho morto dos algoritmos seguirá produzindo os dados que permitem segmentar a audiência e, ao mesmo tempo, a atenção esperada pelos anunciantes.

Portanto, o preço de um anúncio no Facebook concretiza o valor da audiência nessas plataformas, produzido em função do tempo médio que seu público segmentado de usuários passa atento ao Facebook dividido pelo número médio de anúncios apresentados a eles nesse período (Fuchs, 2015). Isso significa que, para Fuchs (2015), temos a produção de uma mercadoria clássica. O valor de uso do espaço publicitário, a atenção de prováveis compradores, é fruto de dispêndio de tempo de trabalho dos usuários, cujo trabalho possui dimensão concreta, as informações específicas de cada usuário, e dimensão abstrata, tempo de audiência genérica, que serve como medida de valor. Como esse tempo é absolutamente não remunerado, a mais-valia é extraída de forma absoluta.

Para examinar essa hipótese, vamos considerar que toda a acumulação do capital está baseada na captura de valor produzido durante o tempo de trabalho não remunerado, aquele que ultrapassa o necessário à produção do equivalente ao custo da força de trabalho e dos meios de produção. Se o conjunto dos trabalhadores já foi remunerado por algum capitalista específico, não só o resto da sua jornada de trabalho formal produz mais-valia para esse capitalista específico, como toda atividade que ele executa em seu tempo livre pode se tornar trabalho produtivo, caso faça parte de algum trabalho socialmente combinado explorado por outro capitalista. E se é trabalho executado no tempo livre, fora da relação de emprego formal, é trabalho gratuito. Na prática, trata-se de uma forma de extensão da jornada de trabalho ao se tornar parte dela informalmente.

Mandel (1967) antecipava esse trabalho gratuito como uma tendência da tentativa dos capitalistas de compensar o aumento da composição orgânica do capital, embora se considere que essa situação era impossível:

> Uma vez que só o trabalho humano produz mais-valia, só uma parte do capital, o capital variável, corresponde à produção de mais-valia. Se o capital variável tiver tendência para ser uma parte bem pequena do capital total, haverá uma forte tendência para a baixa da relação s / C + v. Esta tendência pode ser neutralizada apenas se ao mesmo tempo a taxa de mais-valia s/ V aumenta.
>
> Mas, historicamente, é pouco provável que a taxa de mais-valia varie na mesma proporção do aumento da composição orgânica do capital. E a longo termo, é impossível, porque a composição orgânica do capital pode aumentar indefinidamente (o limite é a automatização completa, isto é, a exclusão do processo de produção de todo o trabalho humano), mas a taxa de mais-valia não pode aumentar indefinidamente porque isso implicaria que os salários dos trabalhadores empenhados na produção tenderem para zero (Mandel, 1967, p. 12).

Ou seja, quanto mais aumenta a composição orgânica do capital como um todo, maior tem que ser a extração de mais-valia global. Em outras palavras, quanto mais os capitalistas enquanto classe têm que investir em capital constante, em aumentar a automatização, mais esse custo precisa ser compensado pela precarização do trabalho, menos remunerado o trabalho deve ser. Isso significa não só que o avanço tecnológico pressiona a baixa dos salários ou o aumento da jornada de todos os trabalhadores, mas incentiva uma parcela da burguesia a buscar trabalho gratuito ou quase, como o trabalho escravo nas fábricas e plantações do terceiro mundo, a mão de obra imigrante sem direitos. Quanto mais nos aproximamos do momento da automatização completa, mais o trabalho humano tem que custar o mínimo possível para continuar sendo utilizado, tendendo a zero o seu custo. As contradições dos ganhos de mais-valia relativa andam juntas com a pressão pela expansão da mais-valia absoluta.

Mas o trabalho gratuito não precisa ser obtido só por coerção violenta, precarização perceptível. Pode ser obtido por consenso, na medida em que determinadas atividades que eram compreendidas enquanto trabalho e as quais exigem remuneração e direitos passam a ser vistas como consumo, cuja facilidade de acesso justifica a gratuidade. Por exemplo, uma série de operações que um cliente realiza interagindo com um caixa eletrônico de graça são idênticas às que um bancário realiza em troca de seu salário. Nesse caso, o banco abriu mão de um trabalho que era produtivo para sua acumulação de mais-valia ou o que ele extrai agora é mais-valia absoluta do mesmo trabalho?[6]

Independentemente da solução teórica desse problema em relação à produção global de mais-valia, para os capitalistas particulares proprietários de bancos, essa transição significa um corte de custos que aumenta a parcela da riqueza social que eles acumulam ao não repassar parte dela na forma de salários. Portanto, aos capitalistas seria ideal a situação descrita por Fuchs (2015) de bilhões de pessoas trabalhando gratuitamente no que de outro modo poderia ser uma atividade remunerada. Basta compararmos a Internet sob a mesma ótica com outros meios de comunicação. Se o Facebook é capaz de capturar audiência a partir de informações produzidas de graça e, em função disso, publicidade, possui uma óbvia vantagem sobre empresas de comunicação jornalísticas cuja maioria das informações possuem o alto custo para serem produzidas por profissionais remunerados.

De onde decorre um dos motivos da crise do jornalismo, que, para tentar disputar as verbas publicitárias com o Google e o Facebook, busca extrair rendas sobre o monopólio simbólico da produção da verdade, garantido pelo caráter "único" da produção jornalística, da checagem, de padrões editoriais etc. Em livre inspiração por Benjamin (2012), pode-se sugerir que, na era da reprodutibilidade técnica de fatos tidos como verdadeiros

---

[6] Embora o trabalho do bancário seja produtivo para o capitalista que o contrata, assim como o de qualquer trabalhador que não produza mercadoria, mas venda sua atividade diretamente a serviço de um capitalista, não o é do ponto de vista global de produção de mais-valia, segundo Marx (2013).

em massa, o jornalismo busca reservar para si uma aura de autenticidade baseada no seu rito e tradição profana: a checagem dos fatos, a independência editorial, a "confiabilidade" de veículos e fontes tradicionais.

Acumulação por meio de rendas monopólicas informacionais

Ao contrário de Fuchs (2015), Dantas (2012) alega que o trabalho produtivo dos usuários não produz uma mercadoria nova, na medida em que a informação que eles produzem, como toda informação, possui propriedades que dificultam sua transformação em mercadoria. Os bens tangíveis são bens-rivais, ao serem vendidos, têm a sua propriedade transferida para o novo dono não só enquanto relação jurídica, mas como possibilidade concreta de consumo, valor de uso. A troca nesse caso significa que a possibilidade de usufruto da mercadoria por parte de quem vendeu cessa de existir. Não se pode mais usar uma camisa que se vendeu para outra pessoa. Além disso, o valor de troca de um bem tangível é passível de ser medido no tempo de trabalho humano consumido em sua produção (Marx, 2013).

Mas as informações possuem a qualidade de poderem ser reproduzidas, "consumidas" por um número infinito de pessoas ao mesmo tempo, são bens não-rivais. A reprodução de informações ocorre em velocidades que independem do tempo de trabalho humano, seu valor não guarda relação com o dispêndio de trabalho abstrato, embora sua produção ainda dependa do trabalho concreto de seu criador (Dantas, 2012). Por exemplo, a produção de um número infinito de cópias de uma informação em meio digital pode ser feita em um tempo próximo de zero e, se a ação humana ainda se faz necessária enquanto comando em algum momento, não faz sentido atribuir um valor às informações criadas baseado no tempo desse comando, como um clique.

Em resumo, as informações são difíceis de serem transformadas em mercadorias, porque o acesso a elas é difícil de ser privatizado, de se exercer propriedade absoluta sobre sua disponibilidade, de modo a criar escassez, além de sua produção não ocorrer segundo a lei do valor que permite a equalização do valor de troca das mercadorias no sistema capitalista. As informações tendem a um acesso livre e gratuito muito mais facilmente do que bens tangíveis, como comprova a facilidade de se infringir a propriedade privada sobre elas, no caso da pirataria.

Nesse contexto, para manter a propriedade privada no direito e na prática sobre as informações produzidas pelos usuários, de modo a poder negociar o acesso a elas no mercado, as plataformas precisam se utilizar de coerção extraeconômica, como os direitos de propriedade intelectual. Torna-se crime duplicar uma informação. Para impedir não só no direito, mas na prática, a violação da propriedade intelectual, as plataformas buscam também monopolizar as audiências em ambientes onde a cópia dos dados e códigos é tecnicamente impedida por meio da criptografia e aos quais só se têm acesso por conexões limitadas por meio de sistemas de *login*, os chamados "jardins murados" (Dantas, 2012).

Aqui, cabe ressaltar uma transformação na natureza estrutural da Internet oculta pelo fato de que damos o mesmo nome "Internet" a ambientes virtuais completamente diferentes. Hoje, são parte do passado em grande parte os pilares da natureza aberta da Internet legada pelo seu desenvolvimento não mercantil: uma rede de redes baseada no padrão Web de navegação livre por hipertexto; código aberto das páginas *HTML*; livre criação de novas conexões entre os sítios virtuais por meio de indexação e criação de *links*. Os jardins murados impedem a criação e, às vezes, o acesso a *links* externos, assim como a indexação do seu conteúdo sem autorização de seus proprietários, além do seu código fonte ser segredo industrial.

Conforme o acesso à Internet se dá cada vez mais por meio de aplicativos de celular (Dantas, 2017), as pessoas já navegam imersas nos jardins murados desde o início, e não na Web. Essa é uma mudança gigantesca de paradigma sobre o que é a Internet, mas é naturalizada pela transformação progressiva nas práticas de navegação do usuário médio. Há uma tensão entre cada vez menos liberdade substituída por cada vez maior facilidade na história do acesso à Internet: do acesso sem interface visual restrito a programadores à digitação do endereço http em navegadores; do clique no hipertexto à busca em motores de busca; e finalmente o acesso por meio de aplicativos que não são navegadores universais, mas unicamente acessam sua plataforma proprietária. Cada mudança dessa é determinante e determinada dialeticamente pela progressiva concentração da audiência da Internet em alguns poucos nós da rede. A Web com as propriedades teorizadas por Tim Bern-Lee (Seto, 2014) agoniza.

Nesse contexto, segundo Dantas (2017), a mais-valia extraída pelo trabalho gratuito dos usuários não se realiza enquanto lucro obtido da venda de uma mercadoria denominada audiência. O lucro advém da renda monopólica que as plataformas obtêm ao ceder acesso temporário aos anunciantes sobre a atividade viva da audiência interativa dos usuários[7]. Outra diferença de Dantas (2012, 2017) com Fuchs (2015) é que sua concepção de audiência não compreende somente a atenção, mas a interação ativa dos usuários nas plataformas digitais que produz as informações necessárias para que os algoritmos dessas possam segmentar e vender acesso a públicos cada vez mais específicos para os anunciantes. Para Dantas (2012), as curtidas, comentários e o conteúdo gerado pelo usuário, assim como o registro de sua navegação por meio de metadados, os rastros digitais, são parte constituinte da audiência cujo acesso temporário é ofertado aos anunciantes.

Como já observado, o valor dessas informações não guarda relação com o tempo de trabalho humano socialmente necessário, mas Dantas (2012, 2014, 2017) considera que a categoria de mais-valia ainda se aplica ao processo de acumulação de capital nas plataformas digitais pelo fato de que o tempo de atenção e interação dedicado pelos usuários nas plataformas digitais não é pago. Da mesma forma que Fuchs (2015), Dantas (2012) defende que a exploração por parte do capital da atividade viva dos usuários é uma forma de extração de mais-valia absoluta, na qual a extensão da parte da jornada não paga do trabalhador se estendeu ao ponto da totalidade do seu tempo de trabalho. Contudo, na medida em que essa mais-valia ocorre na produção de informações que não se tornam mercadoria, ela não se realiza sob a forma de lucro. Precisa ser acumulada a partir de direitos sobre a riqueza na forma de renda.

Fuchs (2015) argumenta em contrário, afirmando que a definição de Marx de renda é a de riqueza obtida por meio daquilo que não possui valor nenhum, por não ser fruto do trabalho humano, caso da terra e da natureza. O caso clássico de renda é o da renda obtida pela propriedade da terra. Não é preciso trabalho para produzir a terra, a renovação constante de ciclos de produção que impliquem em contratação de força de trabalho etc. Basta ao capitalista dono da terra manter a propriedade jurídica sobre ela e esperar um momento de escassez para alugá-la ou "produzir" essa escassez ao afirmar que a sua terra possui um caráter único (Harvey, 2005). A renda significa, portanto, consumo de mais-valia e não sua produção, na medida em que o proprietário rentista se apropria de parte do valor produzido pela sociedade.

---

[7] Recuperando Bakhtin, Dantas (2012) afirma que toda audiência é ativa, na medida em que a comunicação é sempre processo dialógico em que o "receptor" ativamente produz o significado da mensagem que recebe.

No entanto, Harvey (2005) recorda que há casos de obtenção de renda por meio da propriedade sobre frutos do trabalho humano. Sejam obras de arte ou vinhos, as rendas ocorrem como rendas diferenciais, baseadas na alegação de que há um caráter único naquela mercadoria irreproduzível por trabalho abstrato e conquistando assim uma demanda específica por ela. Os proprietários então monopolizam o acesso a essas obras diante de uma demanda aquecida, de forma que cobram preços que não guardam nenhuma relação com o valor produzido durante sua criação. São preços determinados de forma meramente especulativa e que independem se há produção de mais-valia ou não no cultivo e produção dos vinhos, por exemplo. Nesse sentido, ocorreriam as rendas informacionais (Dantas, 2014), com as grandes corporações jogando com preços especulativos com a demanda pelo acesso a informações e audiências cada vez mais oligopolizadas por elas, obtendo renda por monopolizar os "jardins murados", o ambiente onde se dá o trabalho semiótico gratuito dos usuários.

Vigilância como espoliação: o *General Intellect* como comum espoliado

A função econômica da apropriação dos metadados produzidos pelos usuários na sua navegação e interação ressaltada por Dantas (2012, 2014) é considerada por Zuboff (2018) o centro de uma nova lógica de acumulação por ela denominada capitalismo de vigilância. Zuboff (2018) e Amadeu Silveira (2017) destacam que a característica fundamental das relações mediadas digitalmente é a de que as máquinas digitais não só automatizam processos[8], como imediatamente de forma combinada produzem informações sobre as atividades em que se envolvem. Os computadores e ainda mais os *smartphones* não só recebem, produzem e compartilham conteúdo, como registram cada interação e comportamento do seu usuário, e não só no ambiente online, mas na própria realidade física, incluindo atualmente cada vez mais dados biométricos e metabólicos.

Em consequência, a ubiquidade de dispositivos digitais interconectados por meio de uma rede de redes com governança global aberta, o

---

[8] O que todas as máquinas fazem é a própria definição de máquina ela tornar automático algo que antes envolvia ação humana, ou seja, reproduzir sem supervisão humana uma ação que antes envolvia intenção humana. A reprodução artificial de um padrão de ações inicialmente determinado pelo gênio humano é o que configura as máquinas e faz Marx (2013) afirmar que toda máquina é trabalho humano congelado sobre uma determinada forma, o que ele determina trabalho morto.

paradigma da Web, favoreceu a produção de um ecossistema de abundância de informação, como o conteúdo gerado por e para usuários e de informações sobre informações, metadados necessários inclusive para permitir a navegação por meio dessa abundância, como no caso dos protocolos essenciais dos navegadores (Zuboff, 2018). A socialização da produção e acesso de conhecimento gerado pelo trabalho socialmente combinado de toda a humanidade foi antecipada por Marx (2011, 1961) pelo conceito de *General Intellect* e marca o momento no qual a ciência e as artes se tornam bem comum de todo o gênero humano.

> [...] a força produtiva do trabalho humano atingiu tal nível que, com uma distribuição racional do trabalho entre todos, existe a possibilidade [...] tudo que tem verdadeiro valor na cultura legada pela história - ciência, arte, formas de *convívio social*, etc - possa ser não somente preservado, mas deixe de ser monopólio da classe dominante e se converta em bem comum da sociedade e, ademais, possa ser enriquecido (Marx; Engels, 1961, p. 124, grifos do original).

Segundo Marx, a emergência do *General Intellect* marca o momento em que a apropriação privada da produção da humanidade por uma pequena parcela dela entra em profunda contradição, e os interesses dominantes só podem se manter enquanto barreiras à livre criação.

> A manutenção de uma classe dominante é cada dia mais um obstáculo para o desenvolvimento das forças produtivas industriais, assim como das ciências, da arte e, em particular, das formas elevadas de *convívio social*. Jamais houve palermas maiores que os nossos burgueses modernos (Marx; Engels, 1961, p. 125, grifos do original).

A socialização da produção e compartilhamento de informações coloca em questão um pilar central do regime da propriedade privada, a concentração dos meios de produção por parte dos proprietários e sua separação dos produtores, base de todas as relações que permitem a apropriação e a manutenção privada de riqueza e seu controle sobre o acesso à satisfação de necessidades. A forma mercadoria, baseada em direitos privados de propriedade, como mediação universal das relações sociais, entra em crise. A pirataria, o movimento código livre, entre outros, são expressões dessa contradição possibilitada pela Internet e pela ubiquidade de dispositivos produtores de informação e conteúdo.

A livre criação e troca de informação não mercantil se torna possível, inclusive de informações sobre as quais empresas e indivíduos possuem direitos de propriedade privada e, em um primeiro momento, não conseguem fazer valer seus direitos, a não ser pela coerção extraeconômica dos tribunais e da polícia. Contudo, o desenvolvimento das grandes plataformas criptografadas acessíveis apenas por *login*, os jardins murados, permitirá o controle técnico sobre o acesso às informações que estavam se tornando de acesso universal. Como Zuboff (2018) aponta, a vigilância se traduz na extração dos dados produzidos involuntariamente pelos usuários, seus rastros digitais, que, ao serem analisados, permitirão definir padrões de conhecimento sobre cada indivíduo e sobre diferentes amostras de populações agrupadas em função de quaisquer interesses dos clientes das plataformas de vigilância investigadas pela autora, o Google e o Facebook.

Desse modo, se parte do conhecimento produzido pelo conjunto da humanidade se torna disponível a todos por meio da Internet, a classe dominante da sociedade consegue deter os processos de reconstrução do *commons* digital, do bem comum, não só por meio da criptografia e dos direitos intelectuais, mas ao construir uma profunda assimetria informacional na sociedade em relação à propriedade e acessos dos metadados, dos rastros digitais, e das informações e saberes produzidos a partir desses. Se considerarmos a totalidade da informação produzida pela humanidade, apesar de toda a abundância de conteúdo produzido por usuários, legado pelo passado ou mesmo produzido comercialmente disponível para os usuários comuns, essa é apenas uma pequena parcela diante da quantidade de dados produzida pelos algoritmos proprietários e cujo acesso é restrito às corporações (Silveira, 2017).

Embora Zuboff (2018) defina o capitalismo de vigilância como um modo de acumulação, tanto ela quanto Silveira (2017) não detalham do ponto de vista da economia política como os processos de extração de dados por meio dos dispositivos de vigilância se articulam com a produção da riqueza em geral, apenas como servem para a produção de lucros corporativos, ou seja, permitem a determinados capitalistas se apropriar de parte da riqueza social. Em outras palavras, seus respectivos trabalhos não dialogam com a teoria do valor, limitando-se a analisar a economia dos dados principalmente na esfera da circulação.

Silveira (2017) reivindica uma tradição teórica que propôs, desde a década de 1960, a emergência de sociedades pós-industriais, da informação ou do conhecimento, podendo ser identificado em parte com o que Barbrook (2009) denominou de "ideologia californiana". Para Silveira (2017), as sociedades informacionais são sociedades pós-industriais que têm as informações como seu principal produto. Portanto, os grandes valores gerados nessa economia não se originam principalmente na indústria de bens materiais, mas na produção de bens imateriais, aqueles que podem ser transferidos por redes digitais. Sem desenvolver mais o tema, Silveira (2017) analisará como o mercado capitalista tornou-se dependente de uma microeconomia da interceptação de dados pessoais, principal objeto da sua pesquisa. Cabe ressaltar que o trabalho de Silveira (2017) traz uma contribuição importante na descrição dos diversos agentes que operam no mercado de dados como compradores e vendedores: empresas de publicidade, organismos de avaliação de crédito, companhias de seguro, planos de saúde, entre outros.

Zuboff (2018) destaca como as economias de mercado dependem da aceitação do que Karl Polanyi chamava de "ficções": a redução da vida humana à categoria de "trabalho", a compreensão da natureza como "terra" e a troca como "dinheiro". A partir da transformação da vida, natureza e troca em coisas, essas puderam passar a ser lucrativamente compradas e vendidas. Zuboff (2018) propõe um nova metamorfose fictícia, a transformação da "realidade" em "comportamento", o que permite sua apreensão subjugada à mercantilização. "Os dados sobre comportamento dos corpos, das mentes e das coisas configuram uma compilação universal em tempo real de objetos inteligentes no interior de um domínio global infinito de coisas conectadas" (Zuboff, 2018, p. 58), dando origem a um organismo global inteligente que Zuboff (2018) denomina *Big Other*, cujo controle está nas mãos das corporações da Internet. Neste trabalho, considera-se que o conceito de *Big Other* apresenta grande correlação com o de *General Intellect* proposto por Marx (2011).

Bueno (2017) apresenta uma perspectiva de análise da economia da atenção e o capitalismo de dados muito próxima com as de Zuboff (2018) e Silveira (2017), estabelecendo um diálogo com a tradição marxista hegemônica na economia política da comunicação. Reivindicando trabalhos como os de Negri e Lazzarato sobre o capitalismo cognitivo e trabalho imaterial, Bueno (2017) considera que a teoria do valor de Marx não é capaz de explicar o processo de extração de mais-valia contemporâneo, que não guarda mais qualquer relação com o tempo de trabalho excedente não pago e não depende mais apenas do valor produzido por humanos. Segundo

Bueno (2017), concepções como a de Dantas (2014) e Fuchs (2015) ainda estão presas a uma noção trans-histórica do trabalho, buscando eternizar a qualquer custo a categoria de trabalho, a partir da qual a crítica do capitalismo é desenvolvida. Contudo, no momento de emergência do *General Intellect*, a exploração consiste não na extorsão de uma fração do tempo de trabalho, mas na extorsão da ciência e comunicação do conhecimento. Em outras palavras, a exploração é a extorsão do intelecto geral, forma e produto da cooperação social (Bueno, 2017).

A apropriação privada das informações, dados e metadados produzidos pelos usuários seria o processo de extração de mais-valia contemporâneo, no qual o capitalismo pós-industrial incorporaria máquinas cibernéticas como elementos ativos de produção para contrabalancear a lei da queda da tendência da taxa de lucro. A aplicação direta da ciência e da tecnologia na produção social culmina em um sistema automatizado de máquinas, um poder que move a si mesmo, composto por numerosos mecanismos e órgãos intelectuais dos quais os trabalhadores são apenas *links* (Bueno, 2017).

Nessa perspectiva, a atenção não se trata de uma forma de trabalho equivalente ao descrito por Marx (2003), mas condição para apropriação do intelecto geral.

> As máquinas cibernéticas usam a atenção como um mecanismo para colher informações de valorização de todo o campo social, transformando o consumidor em um agente ativo de produção. Todo consumidor se torna uma fonte de informação de valorização, de microdecisões que ajudam a ajustar a produção de mercadorias e, assim, facilitar o ciclo reprodutivo do capital. As informações produzidas por cada micro-decisão de cada indivíduo que as máquinas cibernéticas registram, processam e realimentam no ciclo de valorização do capital (Bueno, 2017, p. 144).

A fusão completa das esferas de produção e consumo transforma toda atividade humana mediada digitalmente, incluindo a atenção, em fonte de valor extraída pelos capitalistas como mais-valia, portanto o trabalho não aparece mais como a fonte universal de valor econômico e riqueza social. A validade da teoria do valor de Marx (2003) centrada no roubo do tempo de trabalho alheio e na exclusividade da ação humana como produtora de valor teria se tornado obsoleta (Bueno, 2017). Além disso, Bueno (2017) critica a perspectiva antropocêntrica de Marx, recuperando o trabalho de Deleuze e Guattari, no qual a sociedade é uma organização específica de fluxos de desejo, em que tanto seres humanos quanto digitais podem ser considerados máquinas desejantes. Segundo Bueno (2017), para Deleuze e Guattari não há diferença "na natureza" entre as máquinas sociais e técnicas, mas apenas uma diferença nos "regimes" que as governam. Isso significa que a diferença real não é entre máquinas técnicas, orgânicas e sociais, mas, sim, entre o nível molecular das máquinas-desejo e o nível molar, onde as máquinas técnicas, sociais e orgânicas aparecem como entidades separadas.

    Silveira (2017) descreve um caso que pode servir de exemplo dos processos de extração e produção de dados ultrapassando as relações de trabalho e orientando-se por ações de lazer, pela mediação de fluxos de desejo. Em 2016, o jogo *Pokémon Go* se tornou uma febre, alcançando 21 milhões de usuários em apenas uma semana. Sua proprietária, a Nintendo, ganhou U$$ 7,5 bilhões em valor de mercado nessa mesma semana. Por meio da sincronização da câmera e do GPS dos *smartphones*, os jogadores deveriam circular por espaços públicos e privados buscando capturar pokémons, personagens de desenho animado, que apareciam na tela dos dispositivos projetados sobre os ambientes filmados.

    O aplicativo requer autorização e acesso ininterrupto à localização e à câmera do usuário, inclusive quando não está aberto (Silveira, 2017), e incorpora por meio da lógica do jogo os usuários na tarefa necessária ao objetivo do capitalista de dados, em uma estratégia conhecida no mundo corporativo como *gamification*. A descrição da patente da tecnologia de *Pokémon Go* deixa claro: "um dos objetivos do jogo que pode ser vinculado diretamente à atividade de coleta de dados envolve uma tarefa que requer a obtenção de informações sobre o mundo real e o fornecimento das mesmas como condição para a conclusão do jogo" (Silveira, 2017, p. 56). O principal executivo responsável pelo jogo *Pokémon Go*, John Hanke, havia anteriormente coordenado a divisão geográfica do Google Maps, no momento em que essa foi responsável pelo maior escândalo de privacidade na Internet até então: a varredura de dados de tráfico de redes domésticas de *wifi* por meio dos carros do Google (Silveira, 2017).

    Zuboff (2018) descreve em maiores detalhes como, enquanto os carros da empresa cartografavam por meio de câmeras as ruas do mundo para o serviço Street View, que oferece imagens em três dimensões de diversas cidades ao nível do chão, seus sensores coletam todos os dados não criptografados disponíveis em computadores conectados aos *wifi*, como senhas, mensagens de e-mail, prontuários médicos, informações financeiras, além de arquivos de áudio e vídeo dos usuários. Cabe observar que antes de ser adquirida pelo Google, as tecnologias de vigilância e cartografia do Street

View coordenadas por John Hanke foram desenvolvidas por ele em um projeto financiado pela norte-americana Central Inteligency Agency, mais conhecida como CIA (Silveira, 2017).

Para dar um exemplo da escala desse processo de extração de dados, deve-se observar que o serviço Street View não mapeou apenas vias públicas de grandes metrópoles, mas mesmo distritos rurais com 600 habitantes do interior do estado do Rio, como o autor pode constatar no caso de Aldeia Velha, Silva Jardim, e os caminhos internos do campus da Praia Vermelha da Universidade Federal do Rio de Janeiro. Ao observar o mapa do Google Maps, a área onde se encontra disponível o serviço de visualização Street View cobre de maneira contínua a maior parte do território brasileiro, com exceção de áreas amazônicas.

A digitalização do mundo avança rumo a criar um modelo que aspira abarcar ao máximo a totalidade da realidade, cartografando simultaneamente em cada ponto do espaço dados geográficos, físicos e o conjunto do espectro e das informações que circulam por ele. Como na metáfora de abertura de Baudrillard (1991), em *Simulacros e Simulações*, o objetivo é um mapa que se sobrepõe, precede e ultrapassa a realidade, o simulacro que se estende acima do real sensível. Contudo, para cumprir esse objetivo, deve-se ultrapassar ou ignorar o conjunto de barreiras políticas que definem diferentes direitos de acesso e conhecimento sobre territórios e as relações contidas neles, como soberanias, direitos de propriedade e a privacidade dos cidadãos.

Zuboff (2018) descreve como a assimetria informacional construída pelas corporações no capitalismo de vigilância se dá por uma assimetria em primeiro lugar do exercício do direito. A opacidade dos algoritmos e dos dados, monopolizados por meio dos direitos intelectuais corporativos, convive com a transparência de usuários e da sociedade garantida pela incorporação da violação sistemática dos direitos dos demais no modelo de negócios das corporações. Segundo a autora, o *modus operandi* do Google é a incursão em territórios não protegidos até que alguma resistência seja encontrada. O Google não solicita permissões enquanto não for obrigado a isso, e "sua tática é esgotar seus adversários no tribunal ou eventualmente concordar em pagar multas que representam um investimento negligenciável para um retorno significativo" (Zuboff, 2018, p. 30). Há resistências. Só a ONG Electronic Privacy Information Center (EPIC) registra centenas de processos de países, estados, grupos e indivíduos abertos contra o Google (Zuboff, 2018), mas a resistência jurídica fragmentada é uma variável prevista e funcional para o modelo de dominação do capitalismo de vigilância.

CLICK FARMS: DA SUBSUNÇÃO REAL À ESPOLIAÇÃO

Até agora, analisamos sucessivamente diversas concepções propostas para compreender como a Internet e a mediação digital contribuem para a acumulação de riqueza no capitalismo; dinâmicas de monopolização de mercados e o papel da desregulamentação estatal; a contribuição da Internet para a aceleração do tempo de giro do capital; perspectivas centradas na captura e monetização da atenção humana; modelos teóricos de como a mercantilização da atenção pode ser explicada a partir da teoria do valor; trabalhos que descrevem a captura privada de dados e metadados dos usuários e sua comercialização.

A Internet tende a se tornar ubíqua: mediação digital interconectada de um número cada vez maior de indivíduos e entes. Nesse sentido, atravessa ou cria uma multiplicidade de relações sociais, econômicas, culturais e políticas, inclusive contraditórias entre si. Como afirmado no início do capítulo anterior, as diversas tentativas descritas de propor paradigmas gerais de compreensão econômica das relações mediadas pela Internet são compreendidas neste trabalho como explicações parciais funcionais para aspectos específicos que emergem da rede. Em síntese, considera-se que, mais do que um único modo de valorização, a Internet é um ecossistema atravessada por diferentes estratégias pelas quais atores buscam acumular direitos sobre a riqueza socialmente produzida, com as categorias propostas por cada autor sendo mais adequadas para tipos específicos de estratégia.

De volta a Marx

Para analisar as diferenças de aplicação de cada paradigma, retomaremos algumas considerações da tradição marxista. É necessário recordar que, ao propor categorias econômicas para compreender relações sociais, Marx (2011) considera a determinação política dessas relações, ou seja, os interesses coletivos e individuais de diferentes atores e a correlação de força entre eles. Por exemplo, para Marx (2013), não há definição do salário puramente econômica, esse depende de uma compreensão socialmente definida do que é o mínimo necessário à reprodução da força de trabalho, compreensão definida no terreno da luta de classes.

Seja por meio da inclusão de itens na cesta básica, seja por meio de salário indireto concedido por meio de serviços públicos garantidos por impostos sobre o capital, há diferentes maneiras dos trabalhadores ampliarem a parcela da riqueza global da qual se apropriam. Inclusive, pela própria definição do que é trabalho e como ele deve ser remunerado. Em outro exemplo, para Marx (2013), o valor é uma relação social que estabelece a apropriação privada de uma riqueza que é socialmente produzida. Só pode existir em uma sociedade que media suas necessidades a partir de mercadorias e da propriedade privada. Em grande parte, a apropriação privada ocorre no mesmo momento em que essa riqueza é produzida, no que Marx (2013) denominou a produção do valor, a qual ele explica por meio da extração da mais-valia e que comumente se associa como uma descrição do processo industrial de bens materiais. Nessas situações, simultaneamente se contribui para aumentar a riqueza geral da sociedade e ao mesmo tempo se estabelece a propriedade privada sobre essa parcela acrescentada ao todo.

Em outros casos, as atividades produzem apenas direitos particulares sobre a riqueza produzida pelo conjunto da sociedade, logo o capitalista envolvido nelas acumula seu capital extraindo dinheiro, cujo valor tem origem em outras fontes, no que Marx (2013) denomina de renda. Mas enquanto uma relação social, a definição do valor é substancialmente política. Uma decisão como a privatização ou a socialização de meios de produção e, nesse caso, a opção entre a autogestão ou o controle estatal tem efeitos econômicos muito maiores na acumulação de valor em um dado momento do que a produção industrial de um país inteiro. Basta pensar o impacto no capitalismo da reversão da propriedade coletiva nos países do leste europeu, da União Soviética e da China.

Ao mesmo tempo, a compreensão dos indivíduos dentro de determinadas categorias depende não só do caráter da atividade que desempenham, mas da sua posição em relação a relações globais de poder, o que inclui de que forma compreendem a realidade, seus interesses e como tecem estratégias para satisfazê-los. Já vimos como para Marx (1980) um mesmo tipo de trabalho pode ser produtivo de valor ou não, dependendo se o trabalhador o faz como expressão de sua livre vontade e vende seu resultado no mercado, caracterizando a circulação simples, ou se o faz subsumido ao Capital, a mando de um capitalista e constrangido pela lógica de busca do lucro.

Considera-se também que a aplicação de categorias de classe, como trabalhador e capitalista, depende de um processo histórico de constituição de classes sociais que não é apenas econômico, mas político. Neste trabalho, reivindica-se o conceito não essencialista e relacional de classe de Thompson (1977, p. 2) de que "classe se forma na luta de classes". Thompson (1977), inspirado pela noção de *práxis* e de que a "história da humanidade é a história da luta de classes" (Marx; Engels, 2008, p. 6), considera que só se pode reconhecer a existência de classes quando as pessoas se comportam de modo classista, com instituições e uma cultura de classe.

> A classe acontece quando alguns homens, como resultado de experiências comuns (herdadas ou partilhadas), sentem e articulam a identidade de seus interesses entre si, e contra outros homens cujos interesses diferem (e geralmente se opõem) dos seus [...] classe e consciência de classe são sempre o último e não o primeiro degrau de um processo histórico real (Thompson, 1977, p. 3).

Um exemplo de consciência de classe é a declaração de Warren Buffett, investidor e terceiro homem mais rico do mundo, em 2018: "Há uma luta de classes, tudo bem, mas é a minha classe, a classe rica, que está fazendo a guerra e estamos ganhando" (Harvey, 2011, p. 211). Para uma análise bem-documentada de como os dirigentes e acionistas majoritários do Google participam de associações de classe e compreendem o Estado norte-americano como um Estado de classe, ao qual simultaneamente servem e dirigem, ver Assange (2015). Embora Assange (2015) não trabalhe com as categorias marxistas, seus dados podem ser perfeitamente analisados dentro da metodologia e do quadro teórico proposto por René Dreifuss (1987).

Em resumo, não há como compreender as relações de produção e acumulação de riqueza sem compreender as relações de poder mais globais, os processos de hegemonia e contra-hegemonia, nos quais se define a correlação de força entre interesses coletivos e individuais, assim como as relações de poder que condicionam os modos de existir. Nesse contexto, a aplicabilidade das categorias propostas pelos autores abordados que buscam analisar economicamente as relações sociais mediadas pela Internet depende de como os produtores, intermediários e consumidores de atenção, conteúdo, dados e metadados compreendem suas próprias atividades e a partir de que interesses são guiados.

A lógica geral da Indústria Cultural que Bolaño (2000) descreve se aplica perfeitamente às *click farms*, fábricas de interação social ou a produção comercial de *fake news*, e ainda se explica parcialmente a serviços como o

Netflix, as produtoras do YouTube e parte dos influenciadores digitais. "É claro que eu ganhei dinheiro publicando notícias falsas, mas o Google ganhou mais", afirma Christian, de 19 anos, jovem da Macedônia empregado em uma empresa de desinformação (Tardáguila, 2017, p. 1). Tardáguila (2017) descreve como a Macedônia, um país com desemprego alto que virou um local de *outsourcing* para empresas de tecnologia, tornou-se um centro de desinformação comercial.

Christian é um trabalhador assalariado, cujo único objetivo ao produzir conteúdo para a Internet é alcançar audiência medida por meio da interação dos usuários, pela qual sua empresa receberá uma parcela dos rendimentos publicitários. É, portanto, o exemplo de proletário intelectual que Marx (1980) descrevia: seu produto se subsume ao capital e só para acrescer o valor deste vem à luz. A natureza do produto de Christian não tem qualquer significado para ele ou para seu patrão. O macedônio testou o posicionamento político que rendia mais cliques na Internet: "Hillary não, Bernie Sanders também não. Trump vingou" (Tardáguila, 2017). Mas a empresa não vende o conteúdo que produz, seu objetivo é produzir audiência, a qual é ofertada por meio do sistema de leilão do Google. Ela também não adquire os dados dos usuários que acessam seus serviços, reservados para o gigante ocidental.

Pode-se considerar, como Fuchs (2015) e Dantas (2014), que, na medida em que a publicidade depende da interação dos usuários, estes também contribuem para o processo de produção da audiência. Isso não descaracteriza que produtores de conteúdo assalariados para a Internet estão perfeitamente incluídos na análise de Marx (1980) de trabalhadores produtivos de valor e inclusive se entendem enquanto tal, na medida em que Christian compreende perfeitamente que a maior parte da riqueza fruto do seu trabalho não fica com ele.

Contudo, no caso das *click farms*, a interação nas plataformas sociais, como cliques ou curtidas, é produzida exclusivamente por profissionais assalariados. Trabalhadores em condições miseráveis, dignas das descrições d'*O Capital* "sentam-se em frente a telas em quartos sombrios, com janelas cobertas por grades e, às vezes, trabalhando durante a noite. Para isso, precisam gerar 1.000 curtidas ou seguir 1.000 pessoas no Twitter para ganhar um único dólar americano" (Arthur, 2019, p. 1). Arthur (2019) descreve essa indústria de interação que combina trabalho precário em Bangladesh com uma fachada legal de plataforma de *crowdsourcing*. *Crowdsourcing* é um meio de colaboração social inspirado na lógica do *crowdfunding*, financiamento colaborativo, no qual usuários podem trocar bens ou serviços entre si sem intermediação monetária, em um processo de escambo.

O *crowdsourcing* é uma das práticas da nova economia, vitrine de um capitalismo solidário, criativo e descolado, baseado em modelos descentralizados e trocas distribuídas, última versão da "ideologia californiana". Plataformas de *crowdsourcing* contribuem para usuários compartilharem caronas ou praticarem *couchsurf*, a hospedagem gratuita de turistas em casas de anfitriões que em troca um dia se hospedarão na casa de outros usuários. O modelo de oligopolização em escala global baseado na intermediação algorítmica do acesso e produção de conteúdo online, como o Facebook e o Google, em grande parte se estendeu para a intermediação algorítmica de práticas sociais de *crowdsourcing* que surgiram sem fins lucrativos facilitadas pelas tecnologias digitais. O Uber mercantilizou a oferta de carona, assim como o Airbnb construiu um modelo de negócios inspirado na cultura do *couchsurf.*

Segundo Arthur (2019), o serviço pela qual se dava a venda de métricas de interação em mídias sociais anunciava sua natureza da seguinte forma:

> [...] uma plataforma de troca mútua para ajudá-lo a melhorar a presença na mídia social e a classificação no mecanismo de busca de forma grátis [...] sempre e onde você precisar de uma força de trabalho enorme para completar tarefas insignificantes, chame o Sharey [...] já geramos 1.4 milhões de curtidas no Facebook e temos 83.000 usuários registrados (Arthur, 2019, p. 1).

Mas na prática cerca de 30% ou 40% dos cliques eram originados nas fábricas de Bangladesh (Arthur, 2019). É uma inversão do paradigma de Bueno (2017), em que o capitalismo acumula riqueza rastreando as relações humanas espontâneas que ocorrem fora da lógica disciplinar do trabalho, na qual as máquinas substituem os humanos enquanto agentes produtivos e tanto autômatos quantos indivíduos contribuem principalmente por meio de seus desejos.

Nas fábricas de cliques, trabalhadores criam interação de forma mecânica completamente alienada de seus desejos ou interesses pessoais, fabricando rastros digitais fictícios, que simulam para seus clientes marcas e influenciadores digitais, a captura de desejo e atenção de perfis falsos, de uma população inexistente. Ao mesmo tempo, a natureza humana de seus trabalhadores é o que os faz enganar os filtros das plataformas digitais, capazes de bloquear ações de interação automatizadas. Nesse caso, a venda de audiência se emancipa da necessidade de produção de conteúdo e mesmo da captura de atenção ou, ainda, da produção de dados valiosos como os rastros digitais dos usuários comuns. E a distinção entre seres humanos e processos automatizados não se dissolve, é a razão de ser desse negócio. Pode-se observar que o lucro gerado nessa atividade desafia diversas concepções teóricas debatidas neste trabalho sobre a origem da riqueza na Internet.

Portanto, tanto na produção assalariada de curtidas quanto na de notícias falsas, considera-se neste livro que o modelo de acumulação baseado na extração de mais-valia continua válido, em especial mais-valia absoluta pela extensão da jornada, precarização e pagamento de salários de fome. Trata-se de uma fusão entre a proposição de Bolaño (2000) da produção da mais-valia por profissionais assalariados, com a da audiência como interação produzida pelos usuários proposta por Fuchs (2015) e Dantas (2014, 2017). Há uma outra determinação da extração de valor nesses casos, que não ocorrem em países da periferia capitalista, como Bangladesh e Macedônia, por acaso. Pode-se considerar exemplos do desenvolvimento desigual e combinado do capitalismo, conceito inicialmente proposto por Trotsky (Lowy, 1995).

O desenvolvimento desigual e combinado considera que, assim que o Capital se expande em escala planetária, passa a articular em seu proveito as desigualdades de desenvolvimento tecnológico, econômico e social entre os diferentes países e dentro de cada um deles, de modo que a continuação de relações arcaicas e brutais não constitui uma barreira, mas uma vantagem na expansão do capital e não será superada por, ao contrário, combina-se com a inovação tecnológica. Mas grande parte do conteúdo, da interação e dos rastros digitais produzidos a partir da Internet não é fruto de trabalho assalariado, é resultado de atividades de usuários das plataformas motivadas por seus próprios interesses e percebidas como consumo de serviços oferecidos pelo Google, pelo Facebook e por outras companhias.

Pode-se considerar trabalho uma atividade que assim não é percebida por aqueles que a realizam? Em especial, trabalho produtor de valor, quando a atividade se desenvolve a partir dos impulsos próprios dos usuários e não subordinada diretamente ao comando e controle do capitalista, naquilo que Marx (2013) denominava a subsunção real do trabalho? A questão talvez esteja em definir quem deve responder a essa pergunta. Considerando a determinação histórica das relações de exploração não só como econômica, mas igualmente política, as proposições de Dantas (2014, 2017) e Fuchs (2015) da interação social digitalmente mediada como trabalho podem se tornar válidas, na medida em que os próprios usuários passem a reconhecer suas atividades como subordinadas ao capital, como exploração de seu tempo, conhecimento e dados e passem a exigir em troca algo além do acesso às plataformas.

Retomando o exemplo das operações bancárias, da mesma forma como um dia elas constituíram parte da jornada de trabalho dos bancários e hoje foram incorporadas no tempo livre dos clientes por meio do autoatendimento, esse cenário pode ser revertido. Os clientes dos bancos poderiam argumentar que a parcela da riqueza que os bancos antes eram obrigados a compartilhar com seus funcionários por meio de salário e hoje tomam para si deveria ser redistribuída entre os usuários que assumiram essas tarefas. No mínimo, subtraídas das taxas que os clientes pagam aos bancos. Influenciadores digitais profissionais nada mais são que usuários comuns que passam a exigir uma parcela das rendas informacionais oriundas da publicidade obtidas pela atenção e interação decorrente de conteúdos produzidos por eles. Aquilo que antes constituía lazer torna-se um trabalho.

Bueno (2017) descreve o debate de como já emergem reivindicações de direitos dos usuários sobre sua capacidade de atenção equivalentes ao dos trabalhadores, em relação à venda da sua força de trabalho:

> 1) Propriedade: Eu possuo minha atenção e posso armazená-la com segurança em particular; 2) Mobilidade: posso mover minha atenção para onde quiser, sempre que quiser; 3) Economia: posso prestar atenção a quem quiser e *ser pago por isso*; 4) Transparência: posso ver como minha atenção está sendo usada (Goldstein, 2003 apud Bueno, 2017, p. 56, grifo nosso).

Silveira (2017) aponta lógica idêntica em relação ao mercado de dados, com o surgimento de propostas que consideram que os produtores de dados e metadados devem ser remunerados em troca do seu processo de alienação de direitos e controle sobre eles. Os termos de uso das plataformas corporativas atuais seriam o regime jurídico de nossa servidão, que nos permite acesso aos meios de produzir informação, desde que os direitos sobre ela e o controle sobre sua distribuição passem para os proprietários das plataformas. Diante dessa realidade, o reconhecimento do caráter de trabalho da atividade dos usuários seria um avanço civilizatório, para aqueles que acreditam em avanços na história e em projetos civilizatórios. Em resumo, ocorre na discussão da economia política digital um processo teórico-político parecido com o das autoras feministas que analisaram o papel do trabalho doméstico e da reprodução da força de trabalho para o Capitalismo.

Federici (2017) sintetiza como diversas pesquisadoras defenderam, a partir da década de 1970, que o trabalho doméstico não remunerado das mulheres era um dos principais pilares da produção capitalista, ao ser o trabalho que produz a força de trabalho. Como programa político resultante dessa concepção teórica, estava a necessidade de socializar e remunerar os trabalhos de cuidados relegados antes às mulheres na esfera familiar, por meio da constituição de refeitórios, lavanderias, enfermarias, asilos, creches, propostas que já haviam sido implementadas no início da revolução soviética por inspiração de Alexandra Kollontai. Mas, segundo David Harvey (2005), há uma alternativa de compreensão originada na obra de Marx e desenvolvida por Rosa Luxemburgo que compreende processos de acumulação de riqueza por parte dos capitalistas sem depender da produção de valor pela extração de mais-valia. Trata-se do primeiro processo de acumulação capitalista na história, pelo que Marx (2013) denominou primitivo e que, ao ocorrer de forma contemporânea, Harvey (2005) denomina de espoliação.

A vantagem da categoria de espoliação aplicada à produção de atenção, à interação e a dados é que, ao invés de sugerir a regularização dessa atividade apropriada pelo capital como trabalho assalariado, ou seja, o reconhecimento formal da exploração, apresenta uma alternativa não mercantil para a compreensão do fruto dessas atividades: o bem comum ou como Marx (2013) denominava os *commons*.

Acumulação por meio de espoliação digital

Há uma forma de acumulação sugerida por Harvey (2005), cujo conceito foi construído originalmente para analisar o papel da terra e das propriedades comuns na economia capitalista, mas que se aplica também à informação: a acumulação por espoliação. Marx (2003) denomina "acumulação primitiva", termo primeiro proposto por Adam Smith, o processo violento de mercantilização e privatização da terra e da força de trabalho em territórios onde o capitalismo se expandia, sem o qual seria impossível obter a riqueza e as condições históricas necessárias para dar início ao ciclo industrial. Por meio da privatização do acesso a bens comuns pelos quais os trabalhadores eram capazes de satisfazer suas necessidades de forma autônoma, em função dos direitos comunais do regime feudal, Marx (2013) descreve como se constituiu a relação fundamental que permite a transformação histórica de dinheiro e mercadoria em capital: é a separação, por um lado, entre os que detêm dinheiro, meios de produção e buscam valorizar a quantia de valor de que dispõem por meio da compra de força de trabalho alheia e, por outro, aqueles trabalhadores livres que só podem acessar os meios de produção e dar conta de sua subsistência vendendo seu trabalho.

Nesse sentido, a importância da acumulação primitiva não é só a de explicar como se deu a concentração de riquezas suficiente para começar a circular dinheiro de forma sistemática sob a forma de capital, onde a conquista da América e o espólio das riquezas das sociedades ameríndias, como o ouro inca e, em seguida, a extração de minérios sob regime colonial, tiveram papel fundamental (Harvey, 2011). É também demonstrar que o capitalismo não se expandiu por ser um regime mais eficiente do ponto de vista do interesse social, uma etapa histórica superior como é compreendida dentro do paradigma da filosofia do progresso. Ao contrário, as relações mercantis subordinadas à lógica da acumulação de capital só se tornam a forma hegemônica de mediação das relações sociais em um determinado território ou dimensão da vida humana, quando não há opção, quando modos de sociabilidade alternativos são destruídos e perseguidos sistematicamente.

Harvey (2005) atualiza o conceito de acumulação primitiva ao afirmar que, junto à acumulação por meio de extração de mais-valia, segue ocorrendo contemporaneamente processos de acumulação mercantil pela conversão de diversas formas de "direitos de propriedade – comum, coletiva, estatal, etc. – em direitos de propriedade exclusivos; [...] e a supressão de formas de produção e consumo alternativos, incluindo os recursos naturais" (Harvey, 2005, p. 84). O avanço da acumulação capitalista sobre o comum não se dá apenas pela mercantilização da terra e da natureza, mas por esferas da vida que antes eram organizadas em torno de lógicas não mercantis. A privatização dos serviços públicos é um exemplo de espoliação, quando relações outrora não mercantis passam a produzir valor e se tornam produtivas para o capital. Harvey (2005) cita também a ênfase nos direitos de propriedade intelectual sobre informações: patentes e licenças de materiais genéticos, plasma de sementes etc.

Thatcher, Sullivan e Mahmoudi (2015) consideram o processo de propriedade intelectual corporativo sobre os dados produzidos pelos usuários nas plataformas da Internet como um processo equivalente de espoliação. Em primeiro lugar, propriedades privadas dos usuários governadas por princípios não mercantis e valores de uso concretos, como a privacidade e o sigilo, direitos universais, tornam-se propriedades privadas sob lógica mercantil das corporações. Não por acaso, Silveira (2017) considera que a privacidade é o principal obstáculo atual ao desenvolvimento do capitalismo de dados. Zuboff (2018) descreve como grande parte da acumulação do capitalismo de vigilância se dá de forma ilegal. Tratam-se de processos de violação e, em seguida, destruição de direitos que mantêm determinadas esferas da vida fora do mercado, análogos aos que Marx (2013) descreve longamente e em detalhes, ao analisar as práticas penais e mudanças legais necessárias para a constituição da hegemonia do capital sobre a sociedade a partir do século XVI. Em segundo lugar, Thatcher, Sullivan e Mahmoudi (2015) compreendem o *General Intellect* como uma espécie de bem comum, uma riqueza produzida pelo conjunto da humanidade que é expropriada pelos capitalistas, de modo similar à privatização do código genético.

Historicamente, a monopolização da Internet ocorre como um novo cercamento dos campos contemporâneo: a Web baseada em uma governança e uma arquitetura voltada para o bem comum e construída na perspectiva de relações colaborativas não mercantis perde espaço para a concentração das conexões e acessos em plataformas corporativas. Dentro das plataformas proprietárias, há um processo permanente de espoliação: mensagens, fotografias e conteúdos em geral produzidos pelos usuários em função de seus valores de usos, antes governados por princípios não mercantis, tornam-se propriedades privadas sob lógica mercantil das corporações a partir da aceitação dos termos de uso de suas plataformas sociais.

Além de algumas comercializarem esses dados brutos, as corporações constroem uma nova mercadoria: perfis de seus usuários cada vez mais específicos a partir de seus rastros digitais, muitas vezes compartilhados com Estados e aparelhos de segurança privados, e amostras populacionais que permitem a microssegmentação da publicidade e de conteúdo comercial, como no caso do Netflix. Em resumo, propõe-se que na tradição das expectativas tecno-libertárias, as interações entre os usuários e seus frutos na Internet são uma espécie de bem comum, uma riqueza produzida pelo conjunto da humanidade.

Contudo, essa é expropriada pelos capitalistas a partir de seu monopólio sobre a propriedade das plataformas e dos dados, em um processo, portanto, de espoliação. A apropriação privada da riqueza ocorre no momento da sua produção, mas não porque sua produção foi subsumida ao capital, mas por meio da coerção extraeconômica jurídica dos termos de uso. Nesse sentido, o momento atual não marca o esgotamento epistemológico da teoria do valor de Marx (2011, 2013) incapaz de apreender novos processos de valorização baseados no trabalho imaterial, como defende Bueno (2017). Marca o esgotamento concreto da relação de apropriação de riqueza por meio do roubo do tempo de trabalho alheio, que se torna, segundo Marx (2011), uma medida miserável para o potencial de produção de riqueza, naquilo que Bensaid (2013) denomina a desmedida do valor.

Isso ocorre porque o momento do *General Intellect* não é apenas aquele em que o conhecimento socialmente produzido torna-se tendencialmente disponível para todos, como já vimos em Marx (1961), mas no qual ele se torna, incorporado na forma de máquinas e processos automatizados, crescentemente autônomo ao ser humano (Marx, 2011). É o aumento ápice da composição orgânica do capital, da sucessiva substituição do trabalho vivo da humanidade pelo trabalho morto das máquinas, da reificação: o momento do intelecto geral da humanidade convertido em força produtiva. Nas palavras registradas nos *Grundrisse*:

> O desenvolvimento do capital fixo indica até que ponto o saber social geral, conhecimento, tornou-se força produtiva imediata e, em consequência, até que ponto as próprias condições do processo vital da sociedade ficaram sob controle do intelecto geral, *General Intellect* [...] Mas à medida que a grande indústria se desenvolve, a criação de riqueza efetiva torna-se menos dependente do tempo de trabalho e do quantum de trabalho utilizado, do que da força dos agentes que são postos em movimento durante o tempo de trabalho, cuja poderosa efetividade por sua vez não tem mais nenhuma relação como o tempo de trabalho imediato que custa a sua produção, mas depende antes da situação geral da ciência, do progresso da tecnologia, ou da utilização da ciência na produção. [...] o roubo de tempo de tempo de trabalho alheio sobre o qual repousa a riqueza atual aparece como base miserável diante dessa base que se desenvolve pela primeira vez criada pela própria grande indústria (Marx, 2011, p. 943).

Em um primeiro momento, esse intelecto geral da humanidade, o saber social geral, é produzido e registrado pelos próprios homens e, em seguida, apropriado pelo Capital. É o processo que Bolaño (2000) denomina acumulação primitiva de conhecimento, destacando como o capital se apropriou de saberes antes transmitidos e monopolizados por organizações de trabalhadores como guildas e associações de ofícios. Como a espoliação em geral, não se tratou de um processo de acumulação específico de um dado momento da história do capitalismo, mas que opera de forma contínua. Nas fábricas, ocorre a sucessiva apropriação do saber e inovação empíricos dos operários nas linhas de montagem por parte de técnicos que ajudam então a projetar novas e melhores máquinas[9] (Dantas, 2012). Nos laboratórios industriais e inclusive em laboratórios de universidades públicas brasileiras, o regime de patentes corporativos garante que a propriedade do conhecimento não pertença aos cientistas e pesquisadores responsáveis, mas aos grupos que financiam sua pesquisa (Dantas, 2012).

Os autores do pós-marxismo italiano, como Giuseppe Cocco (2012), consideraram o trabalhador no regime fordista e na disciplina taylorista como mera força física submetida a tarefas repetitivas e mecânicas, onde não há lugar para inovação e incorporação do gênio do trabalhador individual, em oposição ao regime pós-fordista e sua valorização do trabalho cognitivo dos empregados. Mas, como afirmado por Dantas (2012) e Bolaño (2000), as linhas de montagem sempre foram laboratórios onde o capital espolia as inovações de seus empregados. Esse conhecimento é progressivamente incorporado nas máquinas, programado nelas por meio do trabalho de programadores e cientistas da informação. Mas, no atual desenvolvimento do *General Intellect,* algoritmos digitais por meio de processos de aprendizado marcam o momento em que as máquinas começam a se tornar capazes de capturar e "aprender" diretamente com o trabalho vivo em tempo real.

A desmedida do valor é a antecipação por Marx (2011) de que, na medida em que a automatização se torna potencialmente universal, não faz mais sentido basear um sistema econômico e social na exploração de empregados e no assalariamento em massa, porque os meios de satisfazer as necessidades por meio da cooperação social entre homens e máquinas

---

[9] Esse processo de expropriação do saber empírico dos operários pode ser conferido retratado no clássico filme *A Classe Operária vai ao paraíso,* do diretor Elio Petri. Em diversas cenas, a linha de montagem é um laboratório em que os operários estão sob permanente monitoramento de técnicos que visam sistematizar cada ganho de produtividade conseguido intuitivamente e empiricamente, por meio de inovações práticas individuais ou coletivas dos trabalhadores.

se tornam abundantes, colocando em questão a propriedade privada e a acumulação privada de riqueza como lógica social. Em um exemplo simples, a wikipédia provavelmente matou todo o mercado de enciclopédias privadas. Mas, se o modelo inicial da Web proposto por Tim Bern-Lee era inspirado nessa expectativa tecno-libertária materializada pela wikipédia da produção e compartilhamento universal de informação guiada pelo interesse público (SETO, 2015), ela transformou-se em uma rede cuja atenção é extremamente centralizada e oligopolizada, como demonstrado no primeiro capítulo.

Como vimos, Fuchs (2015) considera que, por meio da Internet, os capitalistas conseguiram expandir a fábrica, enquanto espaço e conjunto de relações produtoras de mercadorias, para o conjunto das relações sociais, do que decorre que essas se tornaram trabalho. Na medida em que é absolutamente não pago, equipara-se a mesma forma pela qual os capitalistas brasileiros extraíam riqueza dos escravos no século XIX. Bueno (2017) afirma que, justamente por não estar subordinada à lógica da fábrica, as relações sociais espontâneas se tornaram nova fonte de valor, o qual decorre da captura da atenção. Enquanto Zuboff (2018) e Silveira (2017) dão ênfase à extração de dados. A espoliação, diferente dessas novas proposições centradas na produção de valor, considera que, mesmo que a riqueza extraída da atividade gratuita apareça sob a forma de mais-valia para os capitalistas proprietários das plataformas, ela aparece como renda do ponto de vista global do capitalismo. Essa é a diferença em relação a Bueno (2017), para quem o capitalismo pode continuar sua expansão permanente a partir de novas fontes imateriais de valor. Em oposição ao que Dantas (2014, 2017) defende, não se trata de renda oriunda de trabalho subsumido ao capital, mas da espoliação de atividade livre constituinte e constitutiva de um bem comum, o *General Intellect*.

A realização do acúmulo da riqueza de dados, interações e conteúdos digitais como expansão global de mais-valia é dificultada não só pelas propriedades particulares da informação como "mercadoria" (Dantas, 2014, 2017), mas também pela dificuldade inerente em tentar apreender a riqueza produzida pelo *General Intellect* sob a forma "miserável do roubo do tempo de trabalho" (Marx, 2011, p. 943). Por isso, o capitalismo cognitivo e a enorme riqueza acumulada pelos oligopólios da Internet não conseguem reverter a contínua e acelerada queda da taxa de lucro, demonstrada a partir de diferentes métodos de análise por Toshio (2017). A perspectiva de buscar definir como trabalho ou outro tipo de prática subsumida de forma real ao capital, toda atividade mediada digitalmente, e exigir remuneração por elas significa ter como horizonte formalizar uma nova forma de exploração e, ao mesmo tempo, legitimá-la. Enquanto a espoliação destaca que o capital não se apossa da riqueza produzida na Internet por cumprir um papel produtivo, mas de forma violenta por meio da coerção jurídica e da violação e destruição de direitos. Além disso, significa que o Capital não inaugurou a partir do desenvolvimento tecnológico uma nova era de expansão da sua acumulação por meio de novos processos produtivos de valor, mas que só pode continuar a existir sob formas cada vez mais fictícias baseadas na extração de rendas.

Há enorme produção de riqueza enquanto novas relações e produtos capazes de suprir necessidades imateriais humanas, da "fantasia", como definiu Marx (2013), mas como essas tendem ao comum e o capital só consegue se apropriar delas sob a forma coercitiva, a acumulação resultante é apenas monetária, deriva da capacidade das corporações da Internet captarem investimentos no mercado financeiro e rendas no mercado publicitário. Portanto, a dominação do capital é cada vez mais dependente não da eficiência econômica do seu Modo de Produção, mas do seu domínio sobre a vida humana exercida por outras relações de poder, que permitem que ele continue concentrando atenção e espoliando dados. Nesse sentido, irá se investigar por meio de quais processos automatizados o capitalismo é capaz de praticar a espoliação da informação, a qual inicialmente pela sua facilidade de reprodutibilidade teria dificuldades em se tornar propriedade privada, e simultaneamente incentivar a constituição de relações que tornam os indivíduos dóceis e úteis para esse modelo de acumulação. Torna-se central a questão do algoritmo.

Os algoritmos das plataformas sociais coordenam o processo de acumulação simultaneamente pela espoliação do *General Intellect* da Internet em geral e pela exploração do trabalho socialmente combinado envolvido nas plataformas dos jardins murados, sob a forma simultânea de renda e mais-valia. Por exemplo, quando o algoritmo do Google se apropria no seu motor de busca e sistema de leilão de palavras de conteúdos de páginas não mercantis indexadas como a wikipédia ou sites de conteúdo pirata, entre outras infinitas iniciativas que mantêm o espírito da Internet herdado de seu desenvolvimento histórico não mercantil, ou quando o algoritmo do Facebook permite organizar os dados e perfis de seus usuários em microssegmentos oferecidos à publicidade. No momento em que a Internet começa a se transformar na Internet das coisas, os algoritmos podem se tornar o principal mecanismo de espoliação do capital sobre toda a realidade, na medida em que essa se torna tendencialmente totalidade totalmente mediada[10].

Se a satisfação das necessidades do estômago e da fantasia cada vez mais ocorre por meio de relações mediadas por algoritmos, significa que cada vez mais dimensões não mercantis da vida como os afetos e a produção de subjetividades são espoliadas de sua dimensão semiótica, enquanto se tornam relações algorítmicas, doravante sujeitas à exploração das atividades produtoras de dados não pagas. Logo, pode se afirmar que o domínio do algoritmo se torna a forma específica de reificação da humanidade imersa no *bios midiático* (Sodré, 2002), a dimensão comunicativa da vida subordinada ao rentismo que domina as outras esferas da vida. Concretamente, a geração de bebês que já surgiram sobre monitoramento total de algoritmos desde o primeiro momento da vida dificilmente saberá o que é viver sob uma lógica não mercantil, a não ser que esse processo seja transformado.

---

[10] A combinação entre a *"Big Datatização"* do mundo, com a extensão de sensores sobre o cosmos, com a realidade aumentada e a realidade virtual, tecnologias que começam a ter sua aplicação comercial em larga escala, pode anunciar a extensão do espetáculo sobre toda a experiência humana, o momento de desaparecimento do *medium*, em que não há mais fronteira discernível ou fronteira socialmente considerada necessária, entre fora e dentro das mediações, entre real e virtual.

O ALGORITMO E O CAPITAL

As discussões no campo da comunicação sobre as tecnologias digitais são de tempos em tempos dominadas por categorias que parecem representar em dada temporada os elementos principais na compreensão da digitalização da sociedade: redes, algoritmos, plataformas, inteligências artificiais. Soma-se a esse vocabulário conceitual os termos caros às tendências mais gerais do momento nas ciências sociais, digamos, decoloneidade, necropolítica ou rizoma, e pode-se produzir teses inteiras, mesmo congressos, sobre IAs decoloniais, algoritmos necropolíticos ou plataformas rizomáticas.

A provocação anterior não invalida a legitimidade e seriedade de temas como esses, que de fato são fascinantes. Contudo, no momento em que o foco no debate oscila das redes para as plataformas e dos algoritmos para as IAs, fica a questão se os estudantes médios do campo e da graduação, sobretudo, de fato dominaram profundamente cada categoria. Sabe o estudante médio de um curso de Comunicação Social definir o que é um algoritmo, de modo a que seu colega da Ciência da Computação o respeite a ponto de, em seguida, ouvir a reflexão crítica do primeiro sobre racismo algorítmico?

Um pouco no espírito de dar conta desse desafio, desenvolvemos um breve histórico sobre os algoritmos em uma linguagem que permita ao leitor leigo, digamos um estudante de graduação ou pós-graduação de Comunicação Social, compreendê-los melhor, antes de analisarmos como os sistemas algorítmicos das plataformas automatizam os processos de transformação de informações em mercadoria. Ao entender como os algoritmos foram desenvolvidos e aplicados ao longo do tempo, podemos discernir melhor como eles se constituíram enquanto os principais agentes na organização dos fluxos de dados das plataformas sociais, influenciando a reprodução do capital nesse contexto. Em seguida, abordamos aquilo que denominamos de a "ideologia do algoritmo", que, ao compreendê-los apenas como processos matemáticos aplicados à otimização da solução de problemas e à identificação de padrões, desconsidera que os algoritmos digitais são instituições atravessadas por relações sociais e que reproduzem, em primeiro lugar, os interesses de seus proprietários. Desse modo, construímos as bases para uma investigação mais detalhada da economia política das plataformas algorítmicas que se desenvolvem nos demais capítulos.

Uma breve história dos algoritmos

Os algoritmos possuem milênios de história. Como termo matemático designam "a operação que consiste em passar automaticamente e num encadeamento rigoroso de uma etapa à seguinte" (Ifrah, 1992, p. 299), derivando seu nome de Al Khowarizmi, pensador árabe do século IX. Os algoritmos surgiram da necessidade de fazer cálculos sem o auxílio de ábacos, dedos e outros recursos. Até então, a estrutura dos cálculos esteve associada às ferramentas que havia à mão: pedras sobre o chão, varetas de bambu, a calculadora de manivela, a régua de cálculo e, por fim, a calculadora. A notação matemática apenas servia para registrar as quantidades resultantes das operações, mas não era operacional em si. A invenção do algoritmo permite descrever como se obter resultados a partir de sequências de operações de raciocínio lógico, tornando esses processos replicáveis por outros operadores e, muitas vezes, generalizáveis para diversas situações, mudando apenas as variáveis em questão.

Por meio do algoritmo, modelos mentais internos são transcritos em modelos formais externos, e o gênio de um matemático se torna disponível para toda a humanidade, evitando que outros indivíduos dependam de ter que, pelos próprios esforços, chegar ao mesmo resultado. A humanidade sempre buscou armazenar e concentrar seus saberes e, em alguns casos, torná-lo disponível para todos por meio de bibliotecas, museus, editoras e publicações científicas. Graças à Biblioteca de Alexandria e posteriormente a copistas árabes, possuímos a mais antiga descrição de um algoritmo disponível: a realizada por Euclides em sua obra Elementos, escrita por volta de 300 a.C.

O algoritmo de Euclides permite encontrar o máximo divisor comum entre dois números inteiros diferentes de zero. Embora originado para trabalhar apenas com números naturais e comprimentos geométricos, dois mil anos depois, no século XIX, sua validade foi demonstrada para outras classes de números como polinómios e inteiros gaussianos. A lógica com a qual Euclides operou é a de que se pode realizar uma série de operações em um ciclo contínuo, cujos resultados sucessivos são comparados ao que se deseja obter até que se encontre o resultado esperado. No caso do algoritmo de Euclides:

1. Dados dois segmentos *AB* e *CD* (com *AB>CD*), retira-se *CD* de *AB* tantas vezes quanto possível. Se não houver resto, então *CD* é a máxima medida comum.

2. Se se obtém um resto *EF*, este é menor que *CD* e podemos repetir o processo: retira-se *EF* tantas vezes quanto possível de *CD*. Se no final não restar nada, *EF* é a medida comum. No caso contrário obtém-se um novo resíduo *GH* menor que EF.

3. O processo repete-se até não haver nenhum resto. O último resto obtido é a maior medida comum (O Algoritmo..., 2018, s/p)[11].

O mais complexo algoritmo contemporâneo segue a mesma lógica, contando hoje com a vantagem da enorme capacidade computacional dos dispositivos digitais, que foram desenvolvidos inclusive como fruto da busca pela automatização da execução de algoritmos, antes restritos aos cérebros humanos. Segundo Oliveira (2018), no século XVII, Leibniz percebeu que as regras da dedução lógica podiam descrever diversos processos por meio da mesma estrutura pela qual os algoritmos registravam procedimentos matemáticos. Esse avanço levou à lógica simbólica que é a base das linguagens de computação. A partir de Leibniz, qualquer raciocínio pode ser matematizado na forma de um algoritmo.

A condessa Ada Lovelace foi pioneira em tentar desde 1844 desenvolver máquinas capazes de processar a linguagem simbólica e operar algoritmos. Contudo, os limites do *hardware* da época, restrito a engrenagens e fontes de energia como o carvão, impossibilitou que as linguagens e lógicas de programação desenvolvidas por ela se tornassem viáveis. Coube a Alan Turing, já no século XX, tendo acesso a equipamentos eletroeletrônicos poder desenvolver e testar o conceito da máquina de Turing, máquina teórica capaz de cálculos universais, o modelo básico de todo *software* existente hoje (Fonseca, 2007). Toda operação necessária para o funcionamento de um computador obedece ao conjunto de instruções descritas em um algoritmo. Denominamos programas as formas transcritas de um algoritmo em uma determinada linguagem de programação.

Basicamente, todo algoritmo digital funciona baseado nas informações que recebe inicialmente, os dados de entrada, que serão organizados

---

[11] O Algoritmo de Euclides possui diversas notações matemáticas, incluindo a original em seu livro Elementos. Das mais compreensíveis ao leitor foi a produzida pela inteligência coletiva dos autores da wikipédia, a qual utilizamos como fonte neste caso para referenciar um conhecimento de domínio público há mais de 2000 anos.

em função do tipo de variável ao qual pertencem: números reais, texto, variáveis lógicas como verdadeiro ou falso. Em seguida, as variáveis serão combinadas e submetidas a uma série de operações lógicas que alteram seus estados e, dependendo do novo estado que atingiram, são submetidas a tipos diferentes de novas operações ou, caso já sejam equivalentes ao resultado esperado, são expedidas como dados de saída, permitindo ao algoritmo reiniciar seu trabalho com novas informações.

A centralidade contemporânea dos algoritmos é a de que eles permitem automatizar uma série de raciocínios e atividades antes desenvolvidas por humanos em uma velocidade e escala sobre-humanos, o que significa também dizer que a um custo relativo muito inferior. Além disso, o volume de armazenamento e processamento de dados dos algoritmos permite desenvolver atividades que nunca foram possíveis para humanos, como identificar padrões e produzir informações a partir da abundância do *Big Data*. Nesse sentido, os algoritmos seguem o caminho de evolução das máquinas em geral: automatizar processos de forma a, num primeiro momento, permitir que pessoas em geral possam reproduzir ações que antes apenas um especialista dominava e, em um segundo momento, tornar aquelas ações autônomas à supervisão humana o máximo possível.

O sistema de roldanas para ser utilizado não depende que ninguém seja tão genial quanto Arquimedes, seu inventor, e ao mesmo tempo permite que um único indivíduo dispense a força de outros 40, antes necessários para levantar uma tonelada. Na mesma linha, os algoritmos são uma ferramenta extremamente útil. Sem eles, a Internet se tornaria uma gigantesca biblioteca de dados, cuja seleção, leitura e combinação para qualquer tarefa simples levariam o tempo de gerações humanas e exigiriam o trabalho de bilhões de pessoas.

Algoritmos, *Big Data* e *machine learning*

O fenômeno da explosão de produção de dados e metadados conhecido na literatura como *Big Data* (Mager, 2012) exigiu e simultaneamente possibilitou a criação de processos automatizados capazes de tratar informações em escala sobre-humanas com grau de complexidade ainda mais crescente. Para que fluxos de informação em volumes cada vez maiores fossem direcionados em tempo cada vez menor, os processos automatizados tiveram que avançar para rotinas cada vez menos dependentes de supervisão humana, o que significa dizer que tiveram que substituir cada vez mais decisões humanas, aumentando sua autonomia mas também seu poder.

Como os algoritmos digitais não substituem apenas a força física da humanidade, mas funções intelectuais, a eles são confiadas crescentemente decisões sobre a vida de seres humanos, que têm profundos impactos políticos e sociais (O'Neil, 2016). Os algoritmos mais simples operam por meio de cadeias de comando lógicos que definem quais ações devem ocorrer dentro de determinados parâmetros dados, estabelecidas pelos programadores humanos. Já os algoritmos mais sofisticados responsáveis por decisões automatizadas operam a partir de modelos probabilísticos, possibilitando a decisão por uma ação dentro de um campo cada vez mais amplo de parâmetros, inclusive a partir de soluções que não foram inicialmente programadas por humanos ou mesmo são integralmente compreendidas por eles.

A partir de técnicas denominadas *machine learning* e *deep learning*, algoritmos são desenvolvidos para cumprir suas finalidades seguindo não uma cadeia explícita de comandos do programador humano, mas soluções próprias por meio de tentativa e erro até que atinjam os parâmetros de eficácia esperados. Essas tentativas ocorrem pelo reconhecimento de padrões e correlações, a partir de grandes massas de dados impossíveis de serem tratadas diretamente por humanos e que permitem aos algoritmos aproximações sucessivas do seu objetivo, em um processo denominado otimização. Em grande parte dos processos de *machine learning*, há um processo de evolução do algoritmo que simula a seleção natural em um processo denominado redes neurais. Por meio dele, algoritmos de *machine learning* já se tornaram capazes de derrotar os maiores jogadores humanos de xadrez e mesmo de jogos mais complexos, como Go, além de reconhecer imagens e a linguagem natural.

Pode-se exemplificar grosseiramente o funcionamento de um processo de *machine learning* pelo caso do algoritmo que joga xadrez. O algoritmo busca armazenar o máximo possível de partidas, e os padrões que devem ser identificados são as regras do jogo e as estratégias empregadas. Graças à capacidade computacional disponível, o algoritmo pode rapidamente jogar trilhões de partidas contra si mesmo. Nessas partidas, os neurônios da rede algorítmica são elementos que testam simultaneamente diferentes comandos até encontrar padrões de ação tendencialmente mais eficientes em graus de complexidade crescentes.

Por exemplo, cada neurônio tenta mover cada peça em todas as direções e número de casas possíveis. Os neurônios que identificarem eficientemente quais são os movimentos permitidos para cada tipo de peça segundo as regras são agrupados para constituir uma nova camada, onde concorrerão para selecionar quais combinações de movimentos produzem vitórias táticas, como a captura de uma peça do adversário. O passo seguinte da seleção é a combinação de movimentos táticos que produzam estratégias de vitórias em cenários cada vez mais diversos. Ao jogar com humanos, a capacidade do algoritmo é testada e a cada novo jogo seu modelo é atualizado. Ao longo do tempo, a seleção de camadas que combinam movimentos cada vez mais sofisticados produzirá estratégias cada vez mais imprevisíveis para seus oponentes humanos, levando tendencialmente a supremacia dos algoritmos nas partidas com pessoas, o que inclusive já ocorreu.

No campo da comunicação, cada nova geração de algoritmos busca emular de forma mais eficiente a capacidade humana de adquirir, processar e produzir informações, superando a distância entre códigos sintáticos e semânticos e desenvolvendo linguagens próprias entre si sem coordenação e inteligibilidade por parte de humanos, naquilo que se convencionou chamar "inteligência artificial" (Barbrook, 2009). Dessa forma, os maiores avanços na compreensão de linguagem natural por parte de algoritmos não foram desenvolvidos por meio da programação em seu código de regras sintáticas, vocabulários e gramáticas, mas pelo processamento dos dados disponíveis em abundância nos textos, vídeos e legendas hospedados na Internet, pelos quais foram capazes de estabelecer correlações até o ponto de simular a inteligibilidade.

A "inteligência artificial"

A partir do desenvolvimento de capacidades linguísticas, os algoritmos são crescentemente capazes não só de interagir entre si e com humanos de forma autônoma, mas de "aprender" por tentativa e erro, no sentido de corrigir seu funcionamento em função de parâmetros inicialmente desconhecidos e adotar rumos que não foram programados, imprevisíveis pelos humanos (Fonseca, 2007). Em outras palavras, o sentido dessa "inteligência artificial" é a de que algoritmos estruturam possibilidades, definindo quais informações vão ser incluídas em cada análise e qual o resultado esperado. Sua busca por padrões, transformação de informação aleatória em redundante, permite que os algoritmos sistematizem cada dimensão de uma realidade física, social, econômica como parte de um modelo cada vez mais previsível. E cada nova aleatoriedade, limite do modelo atual, é matéria-prima para que o próximo modelo seja mais eficiente.

O'Neil (2016) aponta como o desafio atual é conseguir modelar matematicamente cada comportamento ou atividade humana, cada relação social, na forma de um algoritmo. Seres humanos já lidam com suas tarefas a partir de algoritmos intuitivos, como sequências de ações necessárias, condicionadas à constante reavaliação se estão atingindo o resultado esperado ou não. A questão é conseguir transcrever processos intuitivos em cadeias lógicas de operação. Um exemplo é cozinhar: seres humanos internamente e intuitivamente projetam o apetite das pessoas para quem se cozinha. Afinal, existem modelos para lidar com a certeza e gerar previsibilidade. A partir dos ingredientes e do tempo disponíveis, assim como do conhecimento das preferências gastronômicas de quem irá comer, escolhe-se uma receita. Em seguida, avalia-se o sucesso da refeição pela satisfação de quem comeu, quanto comeram, quão saudáveis estão após a refeição. O modelo é adaptado para a próxima vez que se cozinhar.

A adaptação constante é o que os estatísticos chamam modelo dinâmico, buscando otimizar o processo para resultados cada vez mais eficientes. Segundo O'Neil (2016), é o que ela e muitas donas de casa fazem todos os dias, apesar de trabalharem, no caso dela, desenvolvendo algoritmos para o mercado financeiro. Um algoritmo digital com acesso à Internet desenvolvido para cozinhar conteria todos os alimentos disponíveis com seu valor nutricional e preço, um banco de dados com todos os gostos humanos, a preferência individual de cada um e todas as receitas humanas já desenvolvidas. Em seguida, o algoritmo constantemente analisaria o *feedback* dos usuários após as refeições preparadas. Com o tempo, poderia incluir parâmetros, como limitar o uso de frutos e vegetais aos de cada estação para sempre usar alimentos frescos ou adicionar regras: alergias alimentares, restrições religiosas. Após meses de tentativa e erro ou otimização, o algoritmo tenderia a se tornar muito bom.

A ideologia do algoritmo

Se há uma busca para que toda a realidade sensível e as relações sociais possam ser mediatizadas e reduzidas a padrões, a questão torna-se "apenas" ter a capacidade de processamento necessária para identificá-los a partir dos dados disponíveis. Conforme aumentamos exponencialmente essa capacidade em função do tempo, os mistérios da sociedade e do universo se revelam, tendo como único limite o princípio da incerteza e as leis da termodinâmica. Essa é a essência do que Mager (2012) denomina a "ideologia do algoritmo".

Mas é necessário registrar que esse desenvolvimento dos algoritmos não é um progresso tecnológico linearmente dado, fruto da realização inerente de suas potencialidades técnicas crescentes. Ananny (2015) descreve como a definição técnica dos algoritmos como processos matemáticos, sequências limitadas de comandos, capazes de trabalhar informações de modo a fornecer as soluções solicitadas por seus programadores é necessária, mas não suficiente para debatê-los. Ao contrário, considerando a construção social da tecnologia, compreende-se que determinados potenciais tecnológicos se desenvolvem em função dos usos sociais e relações de poder que atravessam uma sociedade em um dado momento histórico. Da mesma forma como o espetáculo não são imagens, mas relações sociais mediadas por imagens (Debord, 1997), os algoritmos digitais atuais não são apenas dados, padrões matemáticos, mas relações sociais mediadas por dados. Na sociedade capitalista, é o capital e seus agentes que organizam o conjunto de relações em totalidade social, buscando condicionar as possibilidades de realização estética, tecnológica, cultural, subjetiva da humanidade dentro de seu horizonte histórico limitado: a sociedade mercantil.

Portanto, é necessário investigar os algoritmos como instituições sociais que articulam relações simultaneamente econômicas, semióticas, sociais e políticas. Os algoritmos digitais se desenvolvem não só em função da necessidade concreta de como a sociedade pode se relacionar com um volume de informação sem precedentes, mas na forma específica em que atende os interesses do capital em gerenciar e negociar essas informações.

O algoritmo como lócus da articulação entre informação e mercadoria

Se a mercadoria é a categoria fundamental para a compreensão do capitalismo (Marx, 2013), a informação é para a informática e os estudos da Internet. Os algoritmos das mídias sociais são justamente o *locus* no qual a articulação entre informação e mercadoria ocorre, em que os interesses do capital se materializam na organização da arquitetura e dos fluxos de dados das plataformas sociais. Se cada informação fornecida pelos usuários para as mídias sociais algorítmicas é imediatamente subordinada à lógica mercantil, é preciso refletir criticamente sobre o nascente discurso de "objetividade" entorno das "descobertas" que emergem do processamento de quantidades cada vez maiores de dados pelos algoritmos. Não há objetividade neutra em informações que emergem na tensão de um campo de forças sociais.

A "ideologia do algoritmo" constrói a legitimação de um novo discurso com valor de verdade, a "verdade algorítmica", que se contrapõe a outras instituições de poder, cujo monopólio sobre a produção de verdade se encontra em crise, como o jornalismo diante das *fake news* e da concorrência narrativa direta das novas mídias da Internet. Por um lado, essa é outra dimensão da disputa e alianças entre novas e velhas frações burguesas do mercado da comunicação, que disputam simultaneamente o potencial de produção de hegemonia, audiências e mercado publicitário. Um exemplo foi a alteração do algoritmo do Facebook anunciada no início de 2018. Seu objetivo declarado foi diminuir o alcance total de publicações produzidas por meios comerciais, como jornais e publicidade, favorecendo o conteúdo espontâneo dos usuários, assim como a redução da circulação de *fake news* (Facebook..., 2018).

A justificativa da companhia é a de buscar "tornar as pessoas mais felizes" (Facebook..., 2018), já que suas pesquisas comprovam que a exposição excessiva à conteúdo comercial desencanta seus usuários, enquanto informações que expressam relações afetivas pessoais tornam as pessoas mais felizes. O que podemos traduzir como: o aumento do tempo de consumo de informações produzidas sob a lógica mercantil, aquelas que priorizam seu valor de troca e não seu valor de uso, tem tornado as pessoas mais infelizes. Na prática, entre outros objetivos, o Facebook aumenta a escassez de audiência para seus clientes corporativos e, portanto, a competição por ela, exigindo gastos maiores em publicidade para alcançar os mesmos resultados que antes, dificultando que novos atores comerciais e políticos cresçam baseados em crescimento orgânico, espontâneo, não pago à companhia.

Essa pressão da plataforma é eficaz, porque o duopólio do Facebook e do Google não só controla o fluxo de informação e o alcance da audiência do conteúdo de seus usuários, como possui os algoritmos pelos quais esses dados se transformam em informações estratégicas cedidas parcialmente a seus anunciantes, vendedores e consumidores, que vivem em uma permanente assimetria informacional (Dantas, 2017). Por exemplo, o Facebook monitora e cataloga em tempo real os desejos, interesses e necessidades de um bilhão de usuários expressos cotidianamente em sua plataforma. Seu algoritmo processa essas expressões individuais e interações coletivas, produzindo correlações que indicam tendências de consumo e ação humana cada vez mais sofisticadas, permitindo a essa corporação exclusividade sobre a totalidade dos indicadores de demanda e oferta de mercadorias de uma parcela cada vez maior da humanidade.

Nesse contexto, é fundamental destacar o caráter monopólico das plataformas sociodigitais contemporâneas para compreender seu poder e influência políticos, como apontam Nair e Nigam (2015) e Giles (2018) e os pesquisadores do coletivo Intervozes (2018). Gerbaudo (2012), ao analisar as manifestações articuladas por meio de mídias sociais de 2011, recupera o conceito leninista de instrumentos de comunicação como organizadores políticos exposto na obra *Que Fazer*, de 1902. Cabe hoje desenvolver esse conceito com outra faceta do pensamento de Lênin (1978): a compreensão de que, no momento em que os monopólios se tornam dominantes na dinâmica capitalista, os princípios liberais que articulam livre concorrência econômica e soberania popular nas democracias de mercado se tornam máscaras que encobrem a fusão entre os interesses dos principais monopólios e os aparelhos dos Estados nacionais hegemônicos.

O grau de concentração global hoje da audiência e das informações sobre mercado no Facebook e no Google se expressa em um duopólio inédito de mercado publicitário que transforma a assimetria informacional em assimetria de acumulação monetária e, ao mesmo tempo, assimetria de poder entre corporações, Estados e populações na esfera da política. Esse imenso poder não é regulado na maioria dos países e não sofre auditorias, dado que os dados e algoritmos do Facebook e do Google são segredos industriais protegidos por propriedade intelectual. Seus anunciantes estão sujeitos à dependência completa na confiança de que os resultados prometidos e informados por essas duas corporações para cada campanha publicitária são reais, pois não há alternativa legal de descobrir estas informações.

A realidade jurídica da Internet hoje é de transparência total dos usuários e sigilo absoluto para corporações e Estados (Zuboff, 2018). A legislação da maioria dos entes soberanos que não os Estados Unidos sobre a Internet tem efeito nulo, na medida em que são incapazes de exercer sua soberania sobre as empresas, servidores e conexões além de seu território (Intervozes, 2018). Por exemplo, o Estado brasileiro, apesar da aprovação recente de um Marco Civil da Internet e de uma legislação sobre segurança de dados, diante da desobediência das corporações da Internet a leis e decisões judiciais, só pode buscar obter informações por parte delas por meio da chantagem indireta, como a suspensão judicial do funcionamento dessas corporações, algo que ocorreu em relação ao WhatsApp[12].

---

[12] Diante da negação do WhatsApp em ceder informações de seus usuários para investigações autorizadas pela justiça, juízes determinaram a paralisação do serviço em território brasileiro em represália.

Caso o Facebook e o Google de fato cumpram seus contratos com seus anunciantes, seus algoritmos contribuem para a aceleração do tempo de giro do capital, ao reduzir a anarquia da produção capitalista, diminuindo o tempo de circulação e garantindo o máximo de realização de valor por parte do capital ao ajustar produção, oferta e demanda de mercadorias em tempo real, além de cumprir o velho papel da Indústria Cultural e da publicidade de inventar sucessivamente novas necessidades da "fantasia"[13]. Ao mesmo tempo, o Facebook se associa às corporações da velha mídia para determinar conjuntamente quais narrativas sobre a realidade social podem adquirir valor de verdade e, portanto, não ser censuradas pelo algoritmo da plataforma. O discurso da necessidade do combate às *fakes news*, consideradas ameaças à democracia, justifica o arbítrio do algoritmo do Facebook sobre quais páginas, publicações e contas podem ser suspensas ou não.

Essa operação que constrange a liberdade de expressão é possível, porque as plataformas digitais não possuem sua função social determinada por lei e legitimada pelo apoio de conglomerados midiáticos tradicionais ansiosos por retomar seus monopólios na produção de discursos "legítimos" e legitimadores perante a sociedade. Logo, longe de um desenvolvimento espontâneo guiado por uma ciência autônoma, é necessário explicitar o desenvolvimento histórico dos algoritmos como síntese de um conjunto de tendências da acumulação do capital que situam sua suposta "neutralidade" técnica dentro dos interesses da classe que os detêm. Essa preocupação teórica é ignorada por alguns pesquisadores na área de comunicação que analisam as topologias das redes das mídias sociais como se essas expressassem conexões espontâneas entre seus usuário. Desconsideram a mediação dessas conexões pelos algoritmos e a possível influência dos interesses de seus proprietários ou assumem que as corporações como o Facebook respeitam alguma regra implícita de neutralidade editorial algorítmica, abstendo-se de influir conscientemente nos processos sociais e políticos analisados a partir das cartografias de rede.

Castells (2003, 2013), Shirky (2011), Levy (2017), González-Bailón (2013), entre outros, representam essa tendência a considerar plataformas como o Twitter e o Facebook como espaços de autonomia política do usuário que favoreçam sua livre associação e desconsiderar o impacto do algoritmo na determinação da topologia de fenômenos políticos em rede.

---

[13] "A mercadoria é, antes de tudo, um objeto exterior, uma coisa que, pelas suas propriedades, satisfaz necessidades humanas de qualquer espécie. Que essas necessidades tenham a sua origem no estômago ou na *fantasia*, a sua natureza em nada altera a questão" (Marx, 2006, p. 8, grifo nosso).

No Brasil, Souza (2014), Mallini (2012), Bentes (2015) e Castañeda (2014) são exemplos de autores que analisaram as manifestações digitais sob o mesmo viés. Ao mesmo tempo, a proliferação recente de estudos de rede envolvendo grande número de dados se associa a uma tendência epistemológica de buscar a legitimação das ciências sociais por meio de uma guinada rumo a métodos quantitativos que exploram o fenômeno do *big data*, como se essa fosse uma forma de agregar valor de cientificidade ao seu discurso, aproximando-se das ciências exatas (Boyd; Crawford, 2012).

Essa tendência de agregar valor de cientificidade e verdade aos resultados do processamento de dados pelos algoritmos parece lhes conhecer poderes sobre-humanos, capazes de dominar a própria humanidade, em uma forma muito especial de reificação: os algoritmos preveem o comportamento das pessoas melhor do que elas mesmas, sugerindo desejos dos quais elas não possuíam consciência. Tornam, ainda, autoridades soberanas sobre a vida e a morte de indivíduos[14]. Marx (2013) descreve a reificação como a transformação de propriedades, relações e ações humanas em propriedades, relações e ações de coisas produzidas pelo homem, que se tornaram independentes dele e governam sua vida.

As máquinas algorítmicas agora aparentam se aproximar concretamente da capacidade teleológica[15], que, para Marx, define a especificidade do trabalho humano e, portanto, de seu ser, do que nos funda ontologicamente enquanto espécie diferente de outros entes. Dito de outra forma, da característica fundamental do trabalho concreto, segundo Dantas (2006): a dimensão semiótica do trabalho capaz de organizar matéria-prima na forma de mercadorias pelos quais a humanidade satisfaz suas necessidades.

Não é novidade que parte do trabalho humano seja incorporado por máquinas, é inclusive condição *sine qua non* da mecanização do trabalho. Nesse sentido, os algoritmos são herdeiros do ábaco e do cartão perfurado que permite às máquinas de tear reproduzir os padrões e informações criados pelos tecelões. Mas, como citado anteriormente, os algoritmos contemporâneos expressam um momento especial. Conforme cada nova necessidade humana passa a ser capturada e satisfeita mediada por serviços

---

[14] Documentos vazados apontam que drones norte-americanos assassinaram cidadãos paquistaneses a partir de decisões de um algoritmo sem supervisão humana. A partir do monitoramento de metadados dos celulares de 55 milhões de pessoas, especialmente dados de localização, o algoritmo desenvolveu de forma autônoma um ranking que estimava a probabilidade de cada indivíduo ser um terrorista e, a partir de um certo grau de certeza, incluía-o em uma lista de extermínio.

[15] Antecipar conscientemente o resultado de uma ação antes de realizá-la.

digitais algorítmicos, o conhecimento humano geral sobre aquela necessidade e o trabalho semiótico até hoje necessário para saciá-la são capturados e, portanto, automatizados.

Para ilustrar essa proposição, pode-se citar que, por exemplo, mais do que dirigir, o serviço dos motoristas do Uber seja ensinar a dirigir os algoritmos do Uber[16] de forma autônoma, rumo a um futuro em que a companhia possa dispensar seus condutores humanos. O impacto do Uber na mobilidade das grandes cidades ao redor do globo, a ponto de gerar manifestações e debates públicos acalorados, é apenas um exemplo da crescente importância e abrangência dos serviços mediados por algoritmos nas relações humanas. Em consequência, os algoritmos não só capturam e analisam os dados produzidos pelas relações humanas mediadas pelas plataformas sociais, como de forma autônoma buscam cada vez mais indicar formas mais eficazes de comportamento ou ação para os humanos do que aquelas que eles são capazes de elaborar. É a constituição do *General Intellect*, de Marx, como força produtiva independente do trabalho dos indivíduos.

A concentração da atenção nos meios digitais permite um grau inédito da oligopolização da função tradicional de publicidade pelas companhias proprietárias de plataformas digitais que mediam os fluxos de atenção, como o duopólio Google e Facebook, e, ao mesmo tempo, a espoliação informacional dos usuários tanto de seus dados, o conteúdo que conscientemente produzem, quanto seus metadados, os rastros que registram suas interações e condutas. Em suma, os algoritmos acumulam o máximo de dados sobre a maior população possível e, ao mesmo tempo, segmentam o mercado até o nível do indivíduo, desprotegido de seus direitos sobre suas informações pessoais. Por que os cidadãos toleram tamanha vigilância sem precedentes de sua intimidade? Porque os interesses econômicos que guiam os algoritmos estão associados a mediações culturais que tornam a máxima exposição dos indivíduos desejável.

---

[16] A busca por carros autônomos, veículos dirigidos por inteligência artificial sem supervisão autônoma, é uma das corridas tecnológicas mais competitivas entre empresas como Google, Uber, IBM/Baidu. No caso do Uber, o algoritmo aprende ao cartografar a demanda global de trajetos, informações produzidas pelos usuários, e a condução real dos veículos por parte dos motoristas, corrigindo e, neste sentido, melhorando os modelos de rotas automaticamente gerados em tempo real pelas máquinas. Em resumo, os humanos ensinam os algoritmos a lidar cada vez mais com a imprevisibilidade do tráfego e da realidade.

CURTIDAS COMO RESERVA DE VALOR: MARX & DEBORD

Nas plataformas sociais, a segmentação dos indivíduos como alvos de propaganda é facilitada pelo fato de que esses buscam, sobretudo, a distinção simbólica no que Sibilia (2016) denominou "show do eu": a alienação dos processos de singularização de cada um, reduzidos a processos de individualização espetacular.

Quando Guattari e Rolnik (1996, p. 33) escreveram o livro *Cartografia dos desejos* e afirmavam que "não se trata mais de nos apropriarmos apenas dos meios de produção ou dos meios de expressão política, mas também de saímos do campo da economia política e entrarmos no campo da economia subjetiva". Se algum dia pode-se especular que o campo da economia subjetiva se descolou da economia política, hoje o capital os reunificou em plataformas como o Instagram, o Facebook, o Tinder e o Grindr. As plataformas das redes sociodigitais como Facebook, Twitter e Instagram são grandes mercados de subjetividades espetaculares. Sob hegemonia da lógica do espetáculo, a busca massiva dos indivíduos por acumulação de capital simbólico e distinção nos termos de Bourdieu (2007, 2013) é quantificada na conquista de curtidas, seguidores e comentários.

Cada expressão subjetiva dos indivíduos registrada por meio de seus perfis pessoais é avaliada pela comunidade por meio dessas curtidas ou replicadas por meio de compartilhamentos e *retweets*, expressando atenção, aprovação social e, no caso do Facebook, afetos específicos simbolizados por *emojis*[17]. Considerando intuitivamente a atenção e a aprovação social como recursos escassos, percebidos a partir da desigualdade de concentração das curtidas e visualizações entre as contas nas plataformas sociais, parcela relevante dos indivíduos em escala global busca ampliar a audiência sobre o espetáculo de sua própria vida, em um mercado altamente competitivo em que as subjetividades concorrem enquanto mercadorias, buscando capturar atenção e desejo dos demais.

---

[17] No Facebook, além da curtida implantada em 2010, foram implantados símbolos alternativos a ela em 2016, *emojis* que expressam afeto, raiva, humor e surpresa.

A subjetividade espetacular e o dinheiro como medida do homem

Sibilia (2016) analisa como historicamente se desenvolveu esse modelo de subjetividade voltado para a exterioridade, oposto à construção do indivíduo, a partir da intimidade do espaço privado que prevaleceu anteriormente na sociedade burguesa. Por ora, cabe ressaltar que a subjetivação espetacular é condição necessária para a legitimação de um regime de vigilância, no qual tornar-se visível, transparente, sujeito às métricas e a ser segmentado como parte de determinadas populações não é uma condição imposta pela disciplina, mas desejável enquanto razão de ser, a partir da qual os indivíduos constroem suas identidades.

Já Walter Benjamin (2010), na década de 1930, antecipava essa sociedade da pura transparência e visibilidade total dos indivíduos como modo de distinção, ao analisar as luxuosas casas de vidro da arquitetura modernista, opostas ao modelo anterior de lar burguês planejado espacialmente para proteger a intimidade familiar e de cada indivíduo. Um século antes de Benjamim, Marx (1994), analisando a obra de Shakespeare, descreve como os personagens do dramaturgo encarnavam um novo tipo de subjetividade que se definia por uma exterioridade, o dinheiro. O dinheiro aparecia como a "inversão universal das individualidades, que as converte em seus contrários e que acrescenta atributos contraditórios a seus atributos" (Marx, 1994, p.146).

> Aquilo que é para mim através do dinheiro - aquilo por que posso pagar - isso sou *eu*, o possuidor do dinheiro. A força do poder do dinheiro é a força do meu poder. As propriedades do dinheiro são as minhas propriedades [...] Sou *feio*, mas posso comprar a mulher mais bela. O que significa que não sou feio. Sou um indivíduo perverso, desonesto, mas o dinheiro me empresta sua honestidade [...] sou mentecapto, mas dinheiro é a *verdadeira inteligência* de todas as coisas [...] o dinheiro é o vínculo que me liga à vida *humana*, que liga a mim a sociedade, o *vínculo* (Marx, 1994, p. 147, grifos no original).

O dinheiro torna-se uma medida geral dos indivíduos humanos, e sua acumulação é a forma pela qual se mede a realização dos homens em cada dimensão social, em cada uma de suas qualidades que em seus aspectos concretos perdem relevância. Em outras palavras, a sociedade não é um conjunto de singularidades, no qual cada indivíduo guarda o potencial de constituir modos de existência diversos irredutíveis a um padrão comum, ao contrário, o indivíduo passa a se definir enquanto tal a partir de uma métrica universal de sucesso social.

Na redução de qualidades humanas a uma medida matemática abstrata, no caso o dinheiro, Marx (1994) denuncia antecipadamente uma característica fundamental da governança algorítmica: a redução da compreensão de realidades sociais complexas e a identificação de padrões abstratos. Na sociedade do espetáculo, a redução dos seres humanos a uma única dimensão da sua experiência passa por uma modificação em relação ao tempo de Marx. Segundo Debord (2003), a longa degradação da realização humana do ser para o ter, em uma fase em que a vida social está tomada pelos resultados acumulados da economia, leva a um deslizamento generalizado do ter para o parecer, do qual o "ter" efetivo deve extrair o seu prestígio e sua função última.

Muitos usuários das plataformas sociais avaliam seu modo de existência em função do grau de acúmulo das métricas das redes sociais, visualizações e curtidas, que quantificam a parcela da atenção da sociedade que eles foram capazes de alcançar e ferozmente buscam manter e ampliar. A internalização da economia da atenção por parte dos indivíduos leva-os a subordinar seus corpos e qualidades em grande parte a esse objetivo e a depressão e ansiedade quando fracassam. Mas as métricas das plataformas sociais não assumem o papel do dinheiro apenas para os indivíduos, também o fazem para os capitalistas.

Algoritmos como compiladores de decisões humanas: o início das *Big Techs*

Para as corporações, cada nova curtida ou *retweet* representa o registro de um "julgamento" de seus usuários do que eles consideram importante, digno de atenção e, ao mesmo tempo, uma nova conexão na rede. Dessa forma, os algoritmos das mídias sociais replicam o sucesso do algoritmo pioneiro em fazer de seus desenvolvedores proprietários de um monopólio digital global: o PageRank do Google. O PageRank posicionou o Google como um dos maiores centros de conexões e acessos da Internet, porque conseguiu de forma eficiente prever e influenciar como a atenção dos usuários se distribuiria.

Para compreender como os algoritmos mediam os fluxos de conexão e atenção da Web, é preciso explicar como a própria compreensão da arquitetura da Internet só foi possível por meio do desenvolvimento de algoritmos que construíram modelos de crescimento de rede capazes de explicar as propriedades da Web, como o criado por Barabási (2002). Barabási (2002) propôs que, conforme a Web cresce, as probabilidades de novas conexões tendem a se distribuir entre os nós em função do número de conexões que cada um já possui, favorecendo enormemente a concentração de *links* na rede. Quanto mais conexões um nó já possui, mais tenderá a possuir no futuro, resultando ao longo do tempo em uma rede extremamente desigual e centralizada em alguns nós, em um processo que Barabási (2002) denominou *rich-get-richers* ou ricos ficam mais ricos. O pesquisador húngaro deduziu essa lei de conexão preferencial ao refletir sobre a heurística humana e como espontaneamente a atenção das pessoas tende a se distribuir de maneira seletiva e não aleatória na Web.

Até então, o paradigma teórico mais aceito de rede era o modelo randômico, proposto inicialmente por Erdos Rényi, que previa que a arquitetura da rede era distribuída, com cada nó possuindo o mesmo potencial de conexão dos demais, o que significa dizer que a distribuição de conexões se dava de maneira aleatória entre eles, resultando em um mesmo número médio de conexões entre todos os nós (Barabási, 2002). É o conceito que inspira até hoje pensadores como Castells (2013) e Silveira (2017) a falarem de redes distribuídas, horizontais, descentralizadas. Mas no caso da Web, a atenção das pessoas não se distribui de forma aleatória, como se elas jogassem um dado ou em uma roleta e, a partir do resultado, decidissem qual site acessar. Uma Internet randômica poderia existir talvez se existissem navegadores randômicos, em que a cada atualização de página existisse a emocionante expectativa de qual surpresa a aleatoriedade do destino nos carregaria. Como não foi o caso, a atenção e o acesso das pessoas tenderam a se concentrar naqueles sites que elas já conheciam, por um processo de contágio social e influência de efeitos de externalidade de rede (Seto, 2014).

Nesse sentido, o crescimento da Web pode ser definido como uma sucessão de decisões, em que um agente, ao criar novas conexões, decide entre um estado inicial com múltiplas possibilidades que apenas algumas delas se realizarão, em detrimento das demais. A partir da modelagem algorítmica dessa hipótese em relação a Web, Barabási (2002) foi capaz de descrever com sucesso a arquitetura da Internet e seu crescimento, além de encontrar padrões de crescimento para as redes em geral, incluindo redes não humanas. De forma simplista e aproximada, as redes que seguem leis de potência tendem ao longo do tempo a apresentar distribuições de

Pareto, em que 20% dos nós concentram 80% das conexões, restando 20% das conexões para serem distribuídas entre 80% dos nós.

Em uma Internet tão desigual e concentrada, a questão central era quem ocuparia seus centros e isso iniciou uma corrida por atenção e acessos nos anos 1990. Um ano antes da publicação do trabalho inicial de Barabási (1999), o algoritmo PageRank do Google entrava no ar em 1998 e obtinha enorme sucesso, ao fornecer um índex eficiente do conteúdo disponível na Web para seus usuários cartografando a concentração de *links* da Web e considerando que, quanto mais *links* uma página possuía, maior seria sua relevância. Se a Internet se desenvolve como uma sequência de decisões de seus usuários, ela é de certo modo resultado de um algoritmo imenso construído pela atividade combinada dos internautas. Logo, o modelo teórico por trás do PageRank considerava que a criação de cada novo *link* significava a decisão de uma pessoa de que aquele conteúdo merecia ser acessado. A distribuição da massa de *links* da Web era então a soma total dos processos de decisão humanos que moldavam os caminhos da Internet (Seto, 2014).

Nesse sentido, o Google foi capaz de tornar-se o "maior *hub* da Internet por ter capturado o trabalho colaborativo do conjunto de usuários de indexação e hierarquização das páginas da Web, o movimento vivo de centralização estrutural da rede descrito por Barabási" (Seto, 2014, p. 75). Em outras palavras, a eficiência do Google dependia da sua capacidade de apreender o *General Intellect* da humanidade enquanto um agente produtivo de novas relações entre informações. Do ponto de vista do mercado publicitário, o modelo do Google foi genial, porque focou em intermediar a atenção a partir de métricas geradas gratuitamente por outras pessoas, em vez de buscar atrair ela por meio da criação de conteúdo atrativo, como se dá no modelo de radiodifusão ou por meio de propaganda própria.

Barabási (2002) narra as estratégias ingênuas das primeiras companhias digitais que buscavam atrair atenção simplesmente pagando anúncios na televisão para seus sites nos anos 1990, chegando a ocupar o intervalo comercial televisivo mais caro dos Estados Unidos, o do Super Bowl, em 1999. Por exemplo, o terceiro maior anunciante dessa temporada era um site que exibia 24 horas por dia modelos de lingerie. Da mesma forma como o Google considerou a criação de hiperlinks como processos de microdecisão indicativos de relevância, cada nova curtida ou seguidor indica uma microtendência de concentração futura de audiência. Indivíduos ou perfis que acumulam progressivamente essas métricas próprias de cada plataforma tornam-se canais influentes na sociedade, podendo atingir bilhões de pessoas.

Isso ocorre porque, se as visualizações são medidas objetivas da audiência alcançada por cada conteúdo, as curtidas, *emojis*, comentários e demais unidades de interação são indicadores de potencial de atração de atenção. Tanto do ponto de vista quantitativo, enquanto número de usuários e tempo de atenção de cada um deles que será atraído, quanto qualitativo, indicando o grau de engajamento e as emoções vinculadas aquele conteúdo. Por exemplo, o algoritmo do Facebook, EdgeRank, seleciona e organiza a ordem do conteúdo no *feed* de notícias de seus usuários justamente analisando e atribuindo um peso de relevância a cada interação que ocorre dentro da plataforma. Em termos gerais, o EdgeRank, em tradução livre "ranking de arestas", organiza os dados gerados por seus usuários de acordo com a teoria de redes, montando um grafo em tempo real da rede social (Bucher, 2018).

Cada conteúdo, como fotos, imagens, publicações, é considerado um objeto, e cada interação com um objeto, uma nova aresta da rede. Como principais variáveis divulgadas, o EdgeRank classifica o peso de cada aresta em função do tempo, tipo de aresta, como comentários ou curtidas e usuário que a criou, considerando o grau de interação anterior deste com a do perfil do *feed* em questão. A suposição do Facebook é a de que a intensidade e qualidade de interação entre usuários na plataforma digital equivale a laços afetivos concretos na rede social dos indivíduos, pelos quais é possível rastrear os diferentes grupos aos quais pertencem, como famílias, grupos de amigos íntimos etc. Ao final, o Edge Rank soma o peso total das arestas de cada objeto e, a partir disso, hierarquiza sua localização no tempo e no espaço, ou seja, em que ordem e por qual duração ele estará disponível para cada perfil (Bucher, 2018). Em outras palavras, as diferentes métricas sociais do Facebook são somadas em uma unidade interna, o peso de aresta, a partir da qual a distribuição da visibilidade e, consequentemente, do potencial de atenção de seus usuários ocorre.

Curtidas como reserva de valor

As métricas de interação se tornam um equivalente geral para as trocas simbólicas intersubjetivas que quantificam não só a audiência de cada pessoa, mas seu capital simbólico, carisma, a distinção pela qual ela busca obter vantagens na concorrência com as demais subjetividades à mostra. Na medida em que o capital simbólico pode ser quantificado, ele pode ser *monetizado*, com determinada quantidade de curtidas no perfil ou na média de suas publicações podendo ser diretamente convertida em preço publicitário. Como no caso do mercado de arte, a distinção simbólica torna-se vantagem monetária competitiva direta (Harvey, 2005), calculável na extração de rendas diferenciais, como as denominadas informacionais por Dantas (2007).

Harvey (2018) descreve como, a partir de 1973, com o rompimento da paridade entre o dólar e o ouro prevista nos acordos de Bretton Woods, a moeda se desmaterializou, não possuindo mais vínculo formal com metais ou qualquer mercadoria tangível. A partir desse momento, a moeda enquanto equivalente geral das trocas mercantis passa a flutuar, sofrendo altas taxas de inflação variáveis que tornam o dinheiro um meio de armazenamento de valor muito volátil. Para além do capital aplicado em produção, os capitalistas são obrigados a buscar certos tipos de ativos cujo valor fosse menos vulnerável à inflação para armazenar suas reservas. Harvey (2018) cita o mercado de arte, onde a aplicação de capital consegue retornos especulativos muito superiores à taxa de rendimento do dinheiro aplicado em poupança ou mesmo em investimentos produtivos. Por exemplo, a compra de um Van Gogh, em 1973, torna-se um dos melhores investimentos em termos de ganho de capital do século considerando os valores atuais desse pintor no mercado. Em resumo, segundo o geógrafo, bens cujo valor advém de suas características imateriais passam a cumprir o papel de reserva de valor.

Ao mesmo tempo, a aceleração do tempo de giro do capital favorece ciclos de produção e consumo cada vez mais rápidos, o que significa dizer que há mercadorias cada vez mais efêmeras. A obsolescência planejada é complementada pela ênfase nos valores da instantaneidade e descartabilidade, como no exemplo de Harvey (2018) das sopas e pratos descartáveis. Contudo, nada pode ter consumo mais rápido do que o de bens intangíveis, como imagens e narrativas. Para Harvey (2018), nos sistemas de produção e comercialização imagéticos, o tempo de giro do consumo de certas imagens pode se aproximar do ideal do "piscar de olhos" que Marx viu como o ótimo da perspectiva da circulação do capital. Por enquanto, considera-se que a função "Stories" dos aplicativos do Facebook marca o apogeu atual dessa tendência de efemeridade, com conteúdos que cumprem seu ciclo de produção, atração de atenção e interação e destruição em questão de minutos ou horas.

Nesse mercado, emergem as novas celebridades da Internet que se apropriam de parte das rendas informacionais pela sua capacidade de "influência", de vender não só mercadorias específicas, mas padrões identitários de consumo. Se os algoritmos cumprem o papel do poder pastoral em nossa sociedade, os influenciadores, com certeza, são os líderes do rebanho. No processo de acumulação de capital por meio da economia da atenção, os influenciadores digitais são fixadores de audiências diante de tamanha volatilidade do ciclo de atenção e consumo de conteúdo. Em troca, apropriam-se de uma parte das rendas obtidas com publicidade. Mas a maior parte dessas rendas são concentradas pelos proprietários dos algoritmos que tornam todo esse mercado possível, ao processarem as quantidades imensas de informações coletadas para converter capital simbólico quantificado em curtidas e interações em geral e essas em moeda real.

Quanto vale uma curtida

O Facebook informa o valor de cada segmento social para seus anunciantes. Espanhóis valem metade de um cidadão norte-americano (Sibilia, 2016), que vale em média U$$ 15,67, enquanto um latino-americano vale U$$ 1,21 (Quanto..., 2017). Mas nacionalidade é apenas uma segmentação, esses preços médios variam enormemente em função de renda, gênero, identidade cultural etc. A segmentação a nível de indivíduo significa que existe um preço que é específico de cada um, variando a cotação em tempo real. Quanto cada usuário vale é resultado do cruzamento de todos os dados que o algoritmo possui sobre ele cruzados com as demandas do mercado.

Assim, o fluxo de informações dentro das plataformas pode ser administrado em tempo real para que alguma audiência segmentada, às vezes populações nacionais inteiras, consuma determinados conteúdos em detrimento de outros. Em termos de rede, os algoritmos das mídias sociais condicionam a permanente mutação do potencial de conexão das pessoas entre si e com diferentes conteúdos. Seja no mercado, em eleições ou em regimes autoritários, a vantagem de se amplificar ou limitar estrategicamente as conexões e, portanto, o alcance de um determinado indivíduo, grupo político, empresa concorrente ou segmento social são óbvias. Logo, as conexões supostamente descentralizadas da Internet celebradas como democráticas por autores como Castells (2003, 2013), que se mostraram espontaneamente desiguais e centralizadas a partir dos estudos empíricos de rede contemporâneos (Barabási, 1999), agora, mostram-se estrategicamente moldadas por quem detém o monopólio dos algoritmos, dos meios de processamento e gerenciamento de fluxo dos dados.

Por isso, a socialização dos meios de produção e compartilhamento de informações como os computadores e *smartphones*[18] não ameaça os oligopólios das plataformas com a possibilidade de concorrência. A possibilidade aberta pela Web 2.0 de produção massiva de conteúdo gerado pelos usuários modificou a produção, mas não a captura e organização dos discursos sociais pelo capital. Se todos podem publicar, poucos controlam os meios de direcionamento de atenção, além da possibilidade sempre presente de censura em função do descumprimento dos termos de uso arbitrários de cada plataforma. A segmentação dos usuários em audiências em função da lógica geral dos algoritmos associa-se à formação de *clusters,* grupos de indivíduos fortemente conectados pelas próprias características gerais das redes humanas. Essas duas tendências combinadas favorecem a fragmentação da narrativa social sobre a realidade, especialmente em um contexto social de construções subjetivas voltadas para afirmar identidades "diferenciais" cada vez mais particulares.

Efeitos políticos dos algoritmos do capital

A combinação entre a economia política das mídias sociais algorítmicas, das lógicas estruturais de crescimento das redes e dos processos de subjetivação espetacular amplificam uma crise de hegemonia no nível de representação institucional que se expressa nos cenários de profunda polarização social e política, característicos dos períodos de interregno (GRAMSCI, 2001). Howard e Wooley (2018) descrevem como a arquitetura das mídias sociais favorece processos de *clusterização,* agrupamento por afinidades, e *echo chambers,* câmaras de eco, em que a percepção da realidade dos indivíduos é cada vez mais segmentada de forma a reforçar as suas opiniões e de seus pares.

Silveira (2017) considera que essas bolhas ideológicas não são resultado de uma lógica inerente às redes, mas consequências da lógica do mercado de dados. Bolhas ou jaulas digitais, como denomina, são amostras, perfis analisados e reunidos conforme os dados pessoais capturados e cruzados de

---

[18] Meios não só de produção e compartilhamento de imagens, vídeos, mensagens pessoais, mas também de programação e conexão que tecnicamente, poderiam facilmente servir para a criação ou adesão a redes e serviços não mercantis, públicos ou autogeridos. Redes *Mesh* são o exemplo mais comum, assim como aplicativos distribuídos sob licenças não comerciais ou não proprietárias.

acordo com as necessidades apresentadas aos algoritmos de padronização de audiências. Para Silveira (2017), a plataforma modula o comportamento de seus usuários, oferecendo a visualização de produtos e serviços de sua rede de anunciantes de forma segmentada, lógica que também organiza o intercâmbio de conteúdo entre usuários. Se alguém deseja ter um alcance para além da sua bolha, deve pagar para anunciar seu conteúdo.

Cresce a polarização entre identidades: de gênero, sexualidade, raça, nacionalidade gerando duas tendências. Por um lado, os algoritmos das plataformas sociais favorecem o espelho quebrado da pós-modernidade: cada um se reconhece em fragmentos cada vez mais idênticos a si mesmo, o que leva à quebra de pertencimento e à empatia baseados em identidades universais, em uma espiral permanente de fragmentação e polarização. Como resultado, emerge uma compreensão da democracia como um cosmopolitismo composto por reafirmações do *self* potencialmente narcisísticas: quanto mais desviante do padrão for a performance do indivíduo e segmentada sua reivindicação de identidade, maior acúmulo de atenção, interações e capital simbólico. A lógica da cauda longa se torna estratégia de subjetivação e identidade política.

É um mecanismo análogo ao descrito por Harvey (2008) de captura de renda a partir de vantagens comparativas simbólicas, o *terroir* que afirma um caráter único para cada vinho, nesse caso, projetando-se como ideal de realização humano. Por outro lado, há uma reação a essa tendência com o fortalecimento da mobilização em torno de entidades modernas, como a nação, combinadas com identidades anteriores à modernidade, como a religião, buscando reafirmar valores com pretensão à universalidade e à validade de normas sociais baseadas na tradição. São discursos potencialmente totalitários que negam a diversidade de modos de existir. Segundo Laclau (2005), esses discursos servem a uma razão populista que combina os sentidos de povo, identidade universal imaginária e de plebe, grupo popular ameaçado por uma elite que tem no seu cosmopolitismo sua distinção de classe arrogante.

Emergem também da acumulação simbólica espetacular da rede lideranças populistas capazes de conduzir essa polarização. Debord (1997) exemplifica o impacto político do espetáculo ao citar o artista de cinema que virou presidente, Reagan. Harvey (1997) descreve como Reagan marcava a vitória da imagem sobre a verdade, na medida em que ele sobrevivia a sucessivos escândalo de corrupção e tragédias econômicas. O apresentador de *reality show* Donald Trump ou o brasileiro Jair Bolsonaro atualizam a tradição espetacular na era dos *memes*. Ao mesmo tempo, os algoritmos tendem a reproduzir continuamente os padrões de interesse que identificam não só na arquitetura da rede, mas também em sua temporalidade. A história experimentada por meio da linha do tempo do Facebook ou pelo menu de notícias do Google torna-se uma sucessão de eventos sem relação entre si, ciclos de atenção concentrados em *fait divers* virais que se esgotam a tempo da próxima onda. Trata-se da redução do novo pastiche que Debord (2003) já apontava.

Segundo o ex-vice presidente de crescimento de usuários do Facebook, Chamath Palihapitiya, a arquitetura da rede social é planejada para prender a atenção dos usuários de forma a gerar ciclos de retroalimentação de curto prazo de dopamina, que criam efeitos próximos ao vício em drogas (El País, 2017). Ao mesmo tempo, ciclos de retroalimentação de validação social em uma sociedade na qual a subjetividade se avalia pela aprovação social externa. Contudo, é necessário relembrar que há algo que unifica e centraliza essa fragmentação da experiência, que concentra as conexões na Internet entre os indivíduos segmentados em bolhas de conexão: os algoritmos das corporações das plataformas da Internet, cujos proprietários trabalham para construir uma hegemonia expressa pelo seu desejo de estabelecer o monopólio de produzir versões da realidade legítimas para toda a sociedade.

Se autores integrados (Eco, 1984) descreviam a sociedade da informação como a da diversidade, é preciso averiguar se essa não está se tornando um novo regime de segregação na qual as fronteiras de acesso à informação que segmentam a humanidade estão nas mãos dos interesses dos proprietários dos Algoritmos.

O PRÍNCIPE ALGORÍTMICO: DEMOCRACIA COMO LABORATÓRIO DOS CIENTISTAS DE DADOS

> *O Twitter está banindo de maneira encoberta lideranças republicanas. Nada bom. Nós iremos analisar essa prática ilegal e discriminatória de uma vez! Muitas reclamações*[19]
>
> *(Donald Trump).*

Em julho de 2018, o presidente dos Estados Unidos da América, Donald Trump, acusou por meio de um *tweet* a companhia Twitter de filtrar conteúdo e contas republicanas das buscas e *feeds* de seus usuários. A publicação do presidente repercutiu teorias de diversos grupos conservadores de que o alcance de suas publicações nas redes sociais estaria sendo intencionalmente prejudicado pelas plataformas sociais. No Brasil, o MBL acusou no mesmo ano o Facebook de censura após 196 páginas e 87 contas ligadas ao grupo serem removidas da rede social (MBL, 2018). No caso brasileiro, o Facebook reconheceu oficialmente o banimento das páginas por gerarem "divisão e espalhar desinformação" (Reuters, 2018) e essas ficaram indisponíveis inclusive para seus usuários.

Já a denúncia de Trump se refere a uma suposta prática de filtro algorítmico mais sofisticada, denominada *"shadow banning"*: os algoritmos das redes sociais reduziriam o fluxo e alcance de determinadas publicações por razões políticas, impedindo que esses alcancem audiências novas, enquanto os autores do conteúdo e os seguidores que os apoiam nada percebem, pois não recebem qualquer alerta e sua interface personalizada continuaria mostrando o que foi filtrado para os demais (Bump, 2018). Em resposta, o Twitter reconheceu que contas que apresentavam determinado comportamento, por exemplo, serem bloqueadas por diversos usuários ou que de forma repetitiva *twitassem* para contas que não as seguem, teriam seu alcance limitado ao serem rebaixadas no fluxo de mensagens na plataforma (Bump, 2018). Contudo, o Twitter não divulgou o conjunto de

---

[19] "Twitter "Shadow Bannig" prominent Republicans. Not good. We will look into this discriminatory and illegal practice at once! Many complaint". Texto original em inglês do *tweet* de Donald Trump. Disponível em: https://twitter.com/realdonaldtrump/status/1022447980408983552?lang=en. Acesso em: 10 dez. 2018.

critérios que determinam quais contas têm sua influência na rede social limitada, nem de que forma algum usuário que se sinta prejudicado pode vir a recorrer dessa medida.

Embora o Twitter seja a rede preferida do presidente norte-americano, ela é a fonte de notícias cotidiana de apenas 1% dos cidadãos dos Estados Unidos. Em comparação, Facebook, WhatsApp e Instagram, plataformas que fazem parte do conglomerado Meta, aparecem como fonte primária de fatos jornalísticos de 54% dos norte-americanos (Shearer; Gottfried, 2017). Já o Google responde por 58% das buscas realizadas nesse país (Seto, 2019) e o YouTube é a principal fonte de notícias para 18% dos seus cidadãos (Shearer; Gottfried, 2017).

Nesse contexto, qual seria o efeito político de uma possível manipulação algorítmica intencional dos fluxos de informação por esses atores, reduzindo ou ampliando o acesso de algumas ideias ou correntes de opinião? Poderia decidir eleições? Incentivar revoluções? Marginalizar ou levar ao poder determinados grupos? Essas não são questões supérfluas. Contudo, parcela relevante dos pesquisadores que analisam fenômenos políticos online desconsideram a hipótese de que as redes e fluxos de protestos e campanhas eleitorais são decisivamente influenciadas não só por vieses, mas por decisões conscientes inscritas nos algoritmos das plataformas, tomadas em favor de interesses específicos dos setores dirigentes de corporações como o Google o Facebook.

Do mito do algoritmo neutro às plataformas como tribunais legítimos

As cartografias de redes sociais que buscam analisar a repercussão de temas políticos como as feitas por Malini (2012) e a equipe da FGV DAPP no Brasil consideram apenas a atuação de processos automatizados e algoritmos de terceiros, em geral empresas contratadas por candidatos ou partidos. Filtrada a atuação de *bots* de terceiros, as redes formadas em torno de protestos e discussões políticas são tomadas como processos "espontâneos" guiados pela interação entre os usuários das plataformas. Além das cartografias de rede, um campo relevante nascente na pesquisa de comunicação é a propaganda computacional.

Howard e Wooley (2018, p. 4) denominam propaganda computacional o "uso de algoritmos, automação e curadoria humana para gerenciar e distribuir informações enganosas propositalmente através de redes de mídia social", com o fim de causar desinformação e manipulação. Esses dois pesquisadores coordenaram por meio do Oxford Internet Institute um mapeamento global de como mídias sociais são usadas ativamente como uma ferramenta para manipulação da opinião pública, controle social em países autoritários e influenciar eleições em democracias.

Analisando estudos de casos de diversos países, inclusive o Brasil, os pesquisadores reuniram evidências de propaganda computacional por meio do uso massivo de *bots* e perfis falsos por parte de governos, Estados, políticos e partidos tanto para controle doméstico quanto na atuação em redes estrangeiras (Howard; Wooley, 2018). Os pesquisadores de Oxford também destacam como as plataformas sociais são centrais para o engajamento político e a mídia primária pela qual os jovens desenvolvem suas identidades políticas e, em função disso, são meios de controle (Howard; Wooley, 2018).

> [...] plataformas sociais gigantescas, como o Facebook e o Twitter, estão lutando para entender as maneiras pelas quais suas criações podem ser usadas para o controle político. Os algoritmos de mídia social podem estar criando câmaras de eco nas quais conversas públicas são poluídas e polarizadas (Howard; Wooley, 2018, p. 3).

Além disso, Howard e Wooley (2018) afirmam que empresas como o Facebook tornaram-se efetivamente plataformas de monopólio da esfera pública, especialmente em países onde as instituições são frágeis. Contudo, para os autores, as "empresas de mídia social não criam os processos de desinformação, sua responsabilidade deve ser cobrada apenas sobre a atuação de terceiros por meio de curadoria" (Howard; Wooley, 2018, p. 243). Os pesquisadores que destacam a propaganda computacional como a ameaça atual mais poderosa contra a democracia não consideram a hipótese de que aqueles com maior capacidade de realizar propaganda computacional, os proprietários das plataformas e seus algoritmos, sejam atores políticos.

Desde a década de 1950, pesquisadores na comunicação analisam o papel de *Gatekeepers*, os controladores dos fluxos de informação. A teoria crítica descreve o enorme poder que empresas de jornalismo e editores possuem ao decidir o que é e o que não é notícia, controlando o filtro da leitura da realidade social de milhões de indivíduos. A partir da década de 1970, a teoria da *Agenda Setting* descreve como a opinião pública se ocupa em grande parte dos temas escolhidos editorialmente pelas corporações de mídia, cujo poder mais do que definir o que se fala seria o de definir sobre o que se fala (Mattelart; Mattelart, 2008). Sessenta anos depois, Zuboff (2018) considera que os algoritmos do Facebook e do Google são guiados por uma "indiferença formal" em relação ao conteúdo que mediam, considerado apenas fonte comercial de dados. Howard e Wooley (2018) vão além e buscam legitimar o papel de *Gatekeepers* das plataformas digitais, imputando a seus proprietários o papel de salvaguardar a esfera pública de processos de desinformação.

A mesma lógica já se tornou política pública ao redor do mundo. Em 2018, a Alemanha implementou uma lei que delega aos provedores de redes sociais a responsabilidade de avaliar a denúncia de conteúdo inadequado por parte de usuários e, se considerada procedente pela empresa o mesmo, deve ser retirado em 24 horas, sem necessidade de processo legal. Na verdade, caso as empresas não criem dispositivos de denúncia e filtro de conteúdo ilegal, serão responsabilizadas por notícias falsas que venham a circular por seus serviços (Filho, 2018). A justiça alemã é acionada apenas caso algum usuário considere que seu conteúdo foi retirado injustamente, o qual só retorna ao ar após decisão judicial. A lei foi aprovada com forte polêmica na sociedade alemã, com grupos políticos denunciando esse dispositivo como a legitimação da censura algorítmica (Filho, 2018).

O que na Alemanha é uma obrigação de serviços como Facebook e Google no Brasil é um direito deles. De acordo com o Marco Civil da Internet, os provedores de serviços e redes sociais possuem a liberdade de retirar qualquer conteúdo hospedado por eles, bastando alegar que esse não cumpre seus termos de uso. Além disso, a Justiça Eleitoral brasileira estabeleceu pactos de compromisso com o Facebook e o Google para que essas companhias monitorem e excluam páginas de agentes envolvidos em processos de difusão de desinformação com fins políticos, sem necessidade de ordem judicial (Souza; Teffé, 2018). É a legitimação legal de que os Algoritmos dos Oligopólios digitais se tornaram os centros de um novo regime de verdade.

Enquanto os Estados nacionais exigem que os algoritmos se tornem filtros de condutas indesejadas, os usuários comuns os consideram intermediários neutros, acreditam que esses reflitam as métricas de interação espontaneamente por eles. O'Neil (2016) afirma que 62% dos usuários do Facebook não sabiam em 2013 que o *feed* de notícias é mediado por um algoritmo, acreditavam que o sistema instantaneamente compartilha tudo que seus amigos publicam. Um grau ainda maior de confiança recebem os mecanismos de busca: "cerca de 73% dos americanos, de acordo com um relatório da Pew Research acreditam que os resultados da pesquisa são precisos e imparciais" (O'Neil, 2016, p. 184). Essa é uma manifestação central da ideologia do algoritmo: a presunção de que há neutralidade algorítmica ou, de forma mais sofisticada, que, embora possam ser influenciados e reproduzir vieses de seus programadores ou dos próprios usuários (Bucher, 2018), os algoritmos de plataformas comerciais como o Facebook e o Google são orientados em função de uma neutralidade editorial dessas companhias a serviço do interesse público.

Mas nos Estados Unidos a função de mediação política das plataformas ainda não foi completamente naturalizada por todas as frações do aparelho de Estado. Ainda em 2014, o senador norte-americano John Thune requisitava formalmente que o Facebook respondesse se havia manipulado o conteúdo publicado por seus usuários. O requerimento cobrava explicações se a empresa havia selecionado por algum viés político determinados conteúdos para não aparecerem no *trending topics* da plataforma, ou seja, no ranking que hierarquiza parte do *feed* dos seus usuários em função do potencial de engajamento e alcance geral na rede (Bucher, 2018). A resposta da companhia foi encerrar a curadoria humana do seu *trending topics*, à época confiada a jornalistas contratados pela empresa para atuar como *gatekeepers* que podiam moderar os resultados apresentados pelo algoritmo do Facebook. Após demitir os 26 jornalistas responsáveis, a empresa anunciou que estes seriam substituídos por filtros automatizados (Bucher, 2018).

A decisão do Facebook reforça a ideologia do algoritmo, ao considerar que a substituição de seres humanos por máquinas diminui o viés e a parcialidade dos processos de decisão. Mas não adiantou, uma nova onda de denúncias apontou que o algoritmo da companhia favorecia a disseminação de informações falsas (O'Neil, 2016). Nesse contexto, O'Neil (2016) é uma das pesquisadoras que coloca a questão: o Facebook pode manipular o sistema político a partir da programação de seu algoritmo, quais os efeitos potenciais dessa manipulação?

A democracia como laboratório dos cientistas de dados

Desde 2010, não se trata de cogitar se o Facebook pode manipular deliberadamente a distribuição de conteúdo para impactar eleições, mas de questionar o fato de que até agora só sabemos dos episódios em que isso ocorreu quando seus próprios pesquisadores os divulgaram. Uma das características do capitalismo de vigilância, segundo Zuboff (2018), é o experimento contínuo com as populações por parte das corporações. O Facebook divulgou publicamente parte das experiências que conduziu a partir de publicações de artigos acadêmicos de seus pesquisadores: nas eleições norte-americanas de 2010 e 2012, o Facebook alterou os *feeds* de parte de seus usuários para medir o próprio impacto eleitoral. Em outras pesquisas, manipulou as emoções de milhares de seus usuários sem o conhecimento destes e estudou como manifestações políticas se propagam em sua rede. Por fim, a companhia lançou por si própria uma manifestação que envolveu 26 milhões de pessoas.

Segundo o artigo publicado pelos cientistas de dados da empresa (Bond *et al.*, 2012), na eleição norte-americana de 2010, 62 milhões de pessoas foram alvo sem o conhecimento e consentimento delas de uma experiência do Facebook com o objetivo explícito de influenciar a participação na votação. O experimento constituiu-se de um grupo de controle, que não teve sua experiência alterada, um grupo que recebeu apenas informações referentes ao local de votação, outro que via um banner incentivando o voto e a possibilidade de clicar em um botão "Eu Votei" e, por fim, um grupo final que, além do botão, via ao lado seis dos amigos que já haviam clicado nele.

Acessando dados de base públicos e comerciais, foi possível para os pesquisadores correlacionar as ações dos perfis com o comparecimento real de seus usuários nas urnas. De acordo com os cientistas de dados do Facebook, o grupo de usuários que visualizou os amigos que haviam indicado já ter votado teve expressivo aumento de comparecimento em relação ao grupo de controle e aos demais. Ao final, o Facebook alega ter aumentado o comparecimento nas urnas em um total de 340.000 pessoas (Bond *et al.*, 2012). Embora alegue não ter favorecido nenhum candidato em particular, o Facebook, ao publicar esse artigo, anunciou ao mundo que seria capaz de decidir uma eleição norte-americana. Isso ocorre porque o sistema eleitoral dos Estados Unidos é baseado em uma eleição indireta baseada em distritos, onde o voto é voluntário. Em um sistema bipartidário centenário, a maioria dos distritos segue padrões históricos bem definidos de preferência eleitoral, o que significa que aumentar ou diminuir o comparecimento nas urnas neles significa favorecer que um determinado partido ganhe a eleição naquele Estado.

Na prática, as eleições norte-americanas têm seu resultado definido em um pequeno número de distritos onde a incerteza eleitoral é maior historicamente. Em 2000, George W. Bush, embora perdendo no voto popular total, tornou-se presidente, ao conseguir maioria de delegados na Flórida por uma margem de 537 votos. Considerando os 340.000 votos obtidos com a manipulação do *feed* de apenas uma parcela de seus usuários, a "atividade de um único algoritmo do Facebook no dia da eleição, não só poderia alterar o equilíbrio do Congresso, mas também decidir a presidência" (O'Neil, 2016, p. 181).

Já na eleição de 2012, dois milhões de pessoas tiveram seu *feed* alterado pelo algoritmo do Facebook de forma a receberem mais notícias jornalísticas compartilhadas por seus amigos, em detrimento de conteúdo pessoal como fotos, publicações íntimas etc. A conclusão do estudo foi que a maior exposição a notícias que sofrem curadorias de pessoas próximas aumentou a participação dos eleitores em 3%. Em uma eleição acirrada, essa porcentagem de eleitores pode ser decisiva. No mesmo ano, o Facebook realizou um outro experimento com 689.003 usuários, no qual manipulou os fluxos emocionais na plataforma para avaliar se há processos de contágio emocional massivos na rede social independentes de contatos no mundo real (Kramer; Guillory; Hancock, 2014). Nesse experimento, usando um algoritmo linguístico, o Facebook classificou as publicações dos usuários em termos de conteúdos emocionalmente positivos e negativos. Em seguida, reduziu o volume de postagens pessimistas em metade dos *feeds* de notícias, enquanto reduzia o quociente alegre nos outros.

Quando estudaram o comportamento de postagem subsequente dos usuários, eles encontraram evidências de que os novos *feeds* alterados realmente induziram o humor dos envolvidos: aqueles que viram menos atualizações alegres produziram mais publicações negativas e um padrão similar surgiu no que recebeu mais conteúdo emocionalmente positivo. Como conclusão, o estudo do Facebook afirma ter comprovado "ser possível transferir estados emocionais para outras pessoas por meio do contágio emocional, levando as pessoas a experimentarem as mesmas emoções sem a consciência delas" (Kramer; Guillory; Hancock, 2014, p. 1). Além disso, o estudo ressalta que o contágio emocional se deu exclusivamente por meio virtual, independentemente da influência de contato direto e de elementos não verbais, previamente considerados necessários para contágios emocionais.

Um ano depois, em 2013, os pesquisadores do Facebook analisaram a difusão espontânea de manifestações políticas na plataforma. O estudo de caso foi a campanha viral de apoio à aprovação do direito ao casamento para pessoas do mesmo gênero nos Estados Unidos. Promovida pela organização da sociedade civil Humans Rights Campaign (HRC), a campanha envolvia usar um filtro com a identidade visual da campanha sobre a foto de perfil dos usuários. Os dados referentes à campanha da HRC permitiram ao Facebook analisar empiricamente os processos de contágio entre amigos no campo da política, determinando qual o limiar de cada usuário para que adote um determinado comportamento em função da exposição a outras pessoas próximas que já o adotaram (State; Adamic, 2015).

Meses depois da publicação do artigo, ocorreu a votação na suprema corte norte-americana que decidiu a aprovação da igualdade de direitos entre casais independentemente do gênero dos parceiros envolvidos. Na semana dessa decisão, o Facebook lançou dessa vez por conta própria um filtro de apoio ao casamento igualitário, o *rainbow filter*, sugerindo aos seus usuários dos Estados Unidos que o adotassem em suas fotos de perfil. O mecanismo de adoção do filtro se dava por contágio direto entre contas, ou seja, para usá-lo, bastava ao usuário clicar sobre a foto de contas às quais estava conectado que já tivessem adotado o filtro. Vinte e seis milhões de pessoas adotaram o *rainbow filter* no mundo inteiro. Diversos cientistas de dados fora do Facebook afirmaram se tratar de mais um experimento comportamental massivo da plataforma, embora nenhum estudo tenha sido publicado diretamente pela companhia, como nos casos anteriores (Wang et al., 2015).

Segundo Wang *et al.* (2015), a partir dos dados disponíveis da disseminação do uso do *rainbow filter*, a plataforma pode determinar o perfil de usuários mais e menos suscetíveis a participar da manifestação em função de características como gênero, religiosidade e interesses em geral. Mais relevante ainda, permitiu desenvolver perfis psicológicos dos usuários envolvidos, baseados na mesma metodologia que a Cambridge Analytica usaria posteriormente para classificar seus alvos. Em resumo, o Facebook sistematicamente investigou seu impacto eleitoral, sua capacidade de manipulação emocional, o peso das notícias compartilhadas por seus usuários em processos eleitorais e como os indivíduos se mobilizam politicamente online. Elementos centrais das disputas políticas dos anos que viriam.

A empresa fez isso manipulando os fluxos de informação de seus usuários sem qualquer aviso ou solicitação de permissão, o que inclusive levou a questionamentos sobre a validade ética desses experimentos e a um *mea culpa* dos periódicos científicos que aceitaram publicar seus resultados[20]. Mais assustadoramente ainda, quando o Facebook explicitamente conduziu uma manifestação em função de uma posição política particular, foi capaz de mobilizar 26 milhões de pessoas. Já o Google não divulga experimentos políticos envolvendo a manipulação do seu algoritmo. Mas os resultados da pesquisa, se o Google assim escolher, podem ter um efeito dramático no que as pessoas aprendem e em como elas votam. Por exemplo, O'Neil (2016) descreve uma pesquisa com eleitores indecisos nos Estados Unidos e na Índia envolvendo um mecanismo de busca experimental programado para distorcer os seus resultados, de forma a favorecer determinados candidatos, sem conhecimento dos usuários. Como resultado, o viés do algoritmo de busca influenciou a mudança de 20% dos eleitores em relação à sua preferência inicial.

Plataformas sociais também têm se tornado palco para esforços preditivos de resultados eleitorais. Como o Twitter abre seus dados para pesquisadores externos, Sadiq *et al.* (2017) desenvolveram, a partir do estudo da eleição norte-americana de 2016, um método que afirma possuir 80% de eficácia em detectar as afinidades eleitorais de todas as contas nessa rede social, com avaliações precisas da totalidade de reações positivas, neutras ou negativas em relação aos candidatos. O grupo de pesquisadores considera ter desenvolvido um método de previsão eleitoral mais eficiente que as pesquisas de opinião tradicionais. Com dados também do Twitter, Ibrahim *et al.* (2015) obtiveram uma previsão eleitoral para as eleições presidenciais da Indonésia com taxa de erro de 0,61% comparada ao resultado final, inferior à das pesquisas de boca de urna.

Não há informações disponíveis sobre pesquisas eleitorais realizadas pelo Facebook e pelo Google, mas Silveira (2017) aponta como os donos do mecanismo de busca e da rede social mais utilizados do mundo provavelmente possuem os melhores modelos de previsão disponíveis. Por meio de seus serviços, é possível analisar no que as pessoas estão interessadas, mapear preocupações sociais emergentes e modular caminhos, restringindo escolhas e incentivando opções. Embora o Google não publique seus experimentos

---

[20] Basta conferir, por exemplo, o adendo publicado posteriormente pelo comitê editorial responsável pela seleção para publicação do artigo de Kramer, Guillory e Hancock (2014).

políticos, Zuboff (2018), analisando declarações de executivos da empresa, destaca como eles explicitamente reconhecem que, por meio da plataforma de busca, realizam experimentos contínuos a partir dos dados dos usuários.

Já Assange (2015) registra como documentos vazados indicam os interesses e compromissos do Google em parceria com o departamento de Estado norte-americano de influenciar diretamente processos de mudança de regime em países do Oriente Médio e da América Latina, assim como favorecer o crescimento de organizações políticas e do terceiro setor alinhadas com um projeto estratégico de hegemonia norte-americana. Dirigentes do Google atuaram inclusive coordenando ações de outras corporações de forma a não prejudicar interesses dos Estados Unidos, caso do Twitter que adiou sua manutenção programada para favorecer as manifestações iranianas de 2009 (Assange, 2015).

Da mesma forma como no complexo industrial-militar norte-americano, há uma constante troca de cadeiras entre executivos que circulam sucessivamente entre altos cargos no Google e no Facebook, escritórios de *lobby* que atuam no Congresso, cargos vinculados a agências de Estado e coordenação de campanhas presidenciais (Assange, 2015). Por exemplo, a campanha de Hillary Clinton contratou uma *startup* para microssegmentação de propaganda financiada pelo ex-CEO do Google Eric Schmidt e coordenada por um ex-funcionário dele Michael Slaby, que antes disso havia sido coordenador tecnológico da campanha de Obama de 2012 (O'Neil, 2016). Já o Facebook demitiu o coordenador de sua iniciativa de realidade virtual depois que se tornou público que ele era um dos responsáveis secretamente por um fundo de financiamento da campanha de Trump e havia se engajado em mobilizar de forma online apoiadores do presidente. Esse fato associado a um dos membros da equipe de transição de governo de Trump ser do conselho do Facebook levou alguns desenvolvedores a declararem um boicote à plataforma de realidade virtual da empresa (Hern, 2017).

O complexo industrial-militar-digital e a segmentação algorítmica

A proximidade ou mesmo fusão dos grupos dirigentes de comunicação com a elite política em diferentes países não é um fator novo. A propriedade oligopolizada dos meios de comunicação deriva em forte influência política e, ao mesmo tempo, necessidade de influência política para conservá-la. No Brasil, Lima (2012), entre outros, descreve o fenômeno em sua particularidade nacional como coronelismo eletrônico. Nos Estados Unidos, O'Neil (2016) e Silveira (2017) destacam como companhias como o Facebook e o Google são focadas em aumentar seus lucros, mas estes dependem de políticas governamentais.

Nesse contexto, o Google possui o maior gasto oficial em *lobby* no congresso dos Estados Unidos e o dirigente do seu *ThinkTank* Google Ideas, Jared Cohen, saiu diretamente do Departamento de Estado para a empresa (Assange, 2015). Já o fundador do Facebook, Mark Zuckerberg, dedicou o ano de 2017 a um *tour* de encontros com a elite política local e os representantes de cada um dos estados norte-americanos, além de contratar ex-assessores e coordenadores de campanhas de Hillary Clinton e Barack Obama, chegando a gerar rumores de que ele se candidataria à presidência dos Estados Unidos, em 2020, o que ele nega (Carter, 2017). A fusão de dirigentes das corporações que monopolizam a atenção e os dados dos usuários com projetos de poder que se expressam de forma político-partidária articula estrategicamente a convergência do *Big Data* com a disputa da democracia.

Os Algoritmos, por meio de seus critérios de relevância na mediação dos fluxos de atenção, determinam um novo regime de visibilidade, no qual determinados sujeitos e discursos podem ser invisibilizados, como no caso do *"shadow banning"*, mas principalmente permite que atores políticos possuam diferentes versões públicas e discursos segmentados para cada grupo da sociedade. As campanhas televisivas permitiam a segmentação da audiência por região. A estratégia eleitoral contemporânea articula especialistas em estatística, aprendizado de máquina, mineração de dados, análise de texto e análise preditiva para a microssegmentação de discursos a nível individual. Cada eleitor representa um ativo com seu preço flutuando no mercado da atenção digital. Cada campanha deve decidir se vai e em que valor irá investir para conquistar esse eleitor. Decidido o investimento, as campanhas definem com quais informações irá influenciá-lo a partir do seu perfil comportamental, que prevê estimativas das probabilidades de ele ser um voto indeciso, um possível financiador ou um voluntário. Perfis detalhados como esse foram desenvolvidos para centenas de milhões de eleitores desde a campanha de Barack Obama, em 2008 (O'Neil, 2018).

Os algoritmos das plataformas de atenção e dados favorecem um modelo de publicidade que O'Neil (2016) denomina propaganda predatória. O segmento-alvo de cada anúncio é aquela população de indivíduos mais vulneráveis psicologicamente às mensagens, que com mais probabilidade, ou seja, menos reflexão ou mais desespero, tomam o impulso de se engajar na ação desejada pelo anunciante. Isso significa que a publicidade objetiva explorar os indivíduos onde eles são mais frágeis, onde seu livre-arbítrio é mais constrangido. Segue a seguir, um exemplo típico de descrição de alvo segmentado das empresas de ensino privado norte-americanas de baixo custo, vazado de um documento interno de uma agência publicitária "Grávidas. Divórcio Recente. Baixa autoestima. Emprego de baixa renda. Experimentou uma morte recente. Fisicamente ou mentalmente abusado. Encarceramento Recente. Reabilitação de Drogas. Emprego sem (perspectiva de) futuro" (O'Neil, 2016, p. 70).

O modelo de publicidade predatória voltada para o mercado em geral foi adaptado para o mercado eleitoral. Eleitores mais vulneráveis são escolhidos como alvos de campanhas baseadas no medo, especialmente relacionadas ao futuro de suas famílias e crianças. Ao mesmo tempo, essas campanhas não chegam e, portanto, não criam rejeição, em eleitores ou apoiadores para os quais não funcionam (O'Neil, 2018).

O príncipe algorítmico: modulação como hegemonia

A segmentação algorítmica de públicos, além de uma ferramenta de publicidade e propaganda política, constitui uma nova articulação entre saber, no caso da ciência de dados, e poder que alguns autores visionários, ainda na década de 1990, já previam. Forma particular da modulação deleuziana, a modulação algorítmica é um processo de condução dos fluxos de atenção e conexão de indivíduos e populações por meio da personalização da experiência de cada um, em função da lógica algorítmica que no código das plataformas manifesta os interesses de seus proprietários (Silveira, 2018).

Em geral, os algoritmos das plataformas digitais organizam a experiência do usuário a partir do cruzamento de duas técnicas: o *data mining*, a mineração de dados, e o *profiling*, a perfilação. Trata-se da análise automatizada de grandes volumes de dados originados dos rastros do comportamento digital dos indivíduos na busca de padrões que "geram conhecimento específico a partir da correlação entre elementos segundo princípios de similaridade, vizinhança e afinidade" (Bruno, 2016, p. 36), de modo a inseri-los em uma taxonomia de perfis segmentados. A análise dos padrões passados dos rastros de indivíduos e populações serve à projeção de seus padrões futuros de ação, configurando um conhecimento indutivo com efeito preditivo, no qual os algoritmos buscam gerar modelos probabilísticos que não só descrevam, mas sobretudo influenciem a realidade.

Em resumo, trata-se de modular os caminhos dos usuários nas redes, de modo que as decisões desejadas de cada um deles coincidam com as que são as esperadas pelo sistema, em uma lógica de profecia autorrealizadora. Segundo Han (2018), trata-se de um poder que opera diretamente sobre a psique dos indivíduos, ao analisar e induzir padrões de decisão e comportamento dos usuários que ocorrem em um nível pré-reflexivo, inconsciente, constituindo, portanto, uma psicopolítica. Na medida em que emerge um mercado de futuros sobre o comportamento humano, esse é resguardado na forma de patentes, o que permitiu a Silveira (2018) obter descrições literais de como funcionam. É o caso do algoritmo "FBLearner Flow" do Facebook, que oferece campanhas publicitárias baseadas em decisões que o público-alvo ainda não tomou, permitindo ao anunciante ter como alvo a reversão de uma futura rejeição a um produto ou candidato antes mesmo que ela ocorra (Silveira, 2018).

Nesse sentido, a modulação algorítmica e seus efeitos produtivos tornam-se relações constitutivas da governamentalidade, a forma mais geral e contemporânea de dominação descrita por Foucault (1998). Segundo o autor, "governar é conduzir condutas - constituir vínculos [...] designa a maneira de dirigir a conduta dos indivíduos e dos grupos" (Foucault, 1998, p. 244). A condução das condutas pelo poder ocorre no ordenamento das probabilidades, na constituição do campo do possível. Foucault (1998) ressalta a governamentalidade, sobretudo, dos vínculos possíveis, o que em termos de teoria de rede pode-se traduzir como a gestão algorítmica do potencial de conexões entre os nós, de modo que esse não obedeça apenas às tendências de conexão preferencial derivada das interações e da topologia da rede, como descrito por Barabási (2002), mas a uma razão estratégica que modula sutilmente as variações dessa topologia dentro de limiares aceitáveis.

Em primeiro lugar, diferente da compreensão presente em diversas análises já mencionadas que ignoram a influência do arbítrio algorítmico das plataformas na emergência das redes de mobilização política, a topologia dessas redes é modulada, de forma a favorecer a visibilidade de atores cujas estratégias e projetos são mais condizentes com a lógica da governamentalidade neoliberal e os interesses de seus proprietários. Os algoritmos operam como uma "polícia discursiva", como falava Foucault, que filtra os discursos, distribuindo alguns e impedindo a circulação de outros, favorecendo, portanto, o crescimento da centralidade de rede e das audiências de alguns atores e agenciamentos políticos.

Não se trata aqui de apontar uma possível função ideológica das plataformas digitais, mas de considerar que a experiência de personalização algorítmica corresponde a uma individuação concorrencial "desfiliada da comunidade política universal e cuja adesão se dá a princípios etno-identitários e autoritários" (Dardot; Laval, 2019, p. 1). Desse modo, a governamentalidade favorece a produção da diferença em série sob a lógica da microssegmentação espetacular, ao mesmo tempo em que busca-se reduzir ao mínimo o risco da produção de alteridades potencialmente subversivas. Se Antoun (2004) considerava o ciberespaço e as redes como um meio de multidão, no qual experiências singulares de luta e organização resistiriam à sua dissolução no povo ou na massa, a modulação das redes pelos algoritmos oligopolizados convoca o retorno às tribos.

Além dos experimentos do Facebook, diversos estudos empíricos que demonstram que, por exemplo, o sistema de recomendações do YouTube favorece a visibilidade de canais de conteúdo de extrema direita nos Estados Unidos (Kaiser; Rauchfleisch, 2018), assim como no Brasil (Fisher; Taub, 2019; Ghedin, 2019). Portanto, a modulação algorítmica reproduz não apenas relações globais de dominação impessoal como a governamentalidade neoliberal, mas serve diretamente ao enfrentamento estratégico entre atores que disputam a correlação de forças na arena interestatal e do próprio Estado, ou seja, como instrumento de luta na disputa por hegemonia.

Já Ianni (1999) apontava a capacidade de disputar hegemonia das corporações de informação, propondo atualizar o conceito de Gramsci (2001) de moderno príncipe para o de príncipe eletrônico. O príncipe eletrônico, formado pelos oligopólios midiáticos, constituiria o intelectual coletivo e orgânico das estruturas e blocos de poder presentes, predominantes e atuantes em escala nacional, regional e mundial, sempre em conformidade com os diferentes contextos socioculturais e político-econômicos (Ianni, 1999). Analisando principalmente o papel das corporações televisivas, Ianni (1999) considerava que vivíamos em uma "democracia eletrônica", na qual dissolvem-se as fronteiras entre o público e o privado, o mercado e a cultura, o cidadão e o consumidor. Segundo o autor, inicialmente a esfera pública e, portanto, a política, eram distinta, ao menos em termos de princípios, não só da esfera privada mas da atividade empresarial. Contudo, o príncipe eletrônico emergiria de complexas transformações da esfera pública, em grande parte determinadas pelo modo como evoluiu o sistema dos meios de comunicação sob hegemonia privada.

Logo, a esfera pública teria se tornado mercado privado de ideias, com a mercantilização da própria democracia e a política assumindo a forma de espetáculo e publicidade:

> [...] o príncipe eletrônico é o arquiteto da ágora eletrônica [...] um dos segredos do príncipe eletrônico é atuar diretamente no nível do virtual. [...] Tudo o que é social, econômico, político e cultural, compreendendo as diversidades e desigualdades de gênero, étnicas, religiosas, lingüísticas e outras, pode ser taquigrafado, traduzido e decantado em signos, símbolos e emblemas, ou figuras e figurações, que as linguagens da mídia elaboram e desenvolvem. O príncipe eletrônico é uma entidade nebulosa e ativa, presente e invisível, predominante e ubíqua, permeando continuamente todos os níveis da sociedade, nos âmbitos local, nacional, regional e mundial. (Ianni, 1999, p. 6-8).

Consideramos que a lógica do príncipe eletrônico descreve perfeitamente a atuação dos oligopólios de atenção, dados e seus respectivos algoritmos capazes de modular tão sutilmente os fluxos de informação, afeto e articulação política dos usuários das plataformas. Além disso, a mediação algorítmica de uma parcela cada vez maior de relações humanas sob controle e propriedade de oligopólios que operam em escala global e concentram a atenção e, portanto, a leitura do mundo da humanidade em escala inédita sugere que houve um processo de mudança não só quantitativo, mas qualitativo das condições de hegemonia.

Articulando modulação e hegemonia, o estudo do Príncipe Algorítmico torna-se um campo fascinante de investigação daqueles que querem compreender as condições reais das batalhas de ideias contemporâneas, para além da cortina de fumaça do debate da desinformação e da propaganda computacional por atores, que, embora relevantes, são muito menos poderosos e perigosos que os oligopólios digitais. Tanto quanto a internacional da extrema direita e seus respectivos representantes nacionais, é fundamental compreender como os dirigentes dos principais aparelhos privados de hegemonia atuais, as plataformas de alcance global, exercem seu poder de arbitrar os processos de discussão e mobilização política online em um momento de crise não só de regimes, mas de civilização. Nesse sentido, o presente ensaio apenas inicia e realiza um chamado a que mentes mais capazes busquem estudar o príncipe algorítmico, organizador das novas relações de poder que emergiram com o digital.

O DUOPÓLIO DE ATENÇÃO DO OCIDENTE: GOOGLE E FACEBOOK

Há cerca de 130 anos, revoluções tecnológicas no campo das comunicações, da energia e do transportes favoreceram o surgimento de poderosos monopólios, levando a acumulação de capital a passar da fase da livre-concorrência para a etapa monopolista (Lenin, 1978; Bolaño, 2000; O›Neil, 2016). Após a crise de 1929 e a segunda Guerra Mundial, tornou-se hegemônica no capitalismo central a noção de que a elevada concentração de poder político e de mercado dos monopólios precisava ser regulada pelos Estados Nacionais. Essa regulação ocorreu por meio de legislações antitruste e a estatização de setores da economia, operados por meio de concessões ou empresas públicas.

Monopólios ou oligopólios regulados também se tornaram a norma no campo da comunicação, cujos diversos setores nascentes tenderam a uma lógica que os economistas denominam de "monopólio natural" (Dantas, 2012). Para compreender essa lógica, segue-se um exemplo. Na telefonia, Theodore Vail, primeiro presidente da gigante AT&T, propôs o conceito de efeito de rede: a conexão de um novo bem ou serviço a uma rede tem efeito sobre o valor de todos os outros ativos que fazem parte dela. Portanto, o valor de um produto ou serviço aumenta de acordo com o número de usuários, o que também é conhecido como externalidade de rede (Dantas, 2012). Do ponto de vista da economia, trata-se de uma externalidade, porque é um efeito involuntário da adesão dos usuários à rede. Quando um telefone é comprado pelo seu proprietário, ele não pretende criar valor para os demais proprietários de telefones, mas o faz independentemente.

Outra definição do efeito rede foca não no valor, mas na difusão de um padrão de comportamento por meio de um grupo ou população (Colman, 2003). A probabilidade de qualquer indivíduo adotar um dado comportamento aumenta com a proporção de pessoas que já o adotaram. A partir de um certo limiar, há uma forte tendência de aceleração para mais e mais pessoas aderirem ao grupo, quando percebem que esse comportamento vai satisfazer os seus interesses, ou de que participar dele tornou-se uma nova necessidade. Nesse sentido, o acesso às linhas telefônicas se universaliza, com o custo de sua aquisição pelos indivíduos caindo, na mesma medida em que aumenta o valor da rede como um todo. A partir do efeito de rede, Theodore Vail conseguiu unificar as redes telefônicas de todo os Estados Unidos, com sua companhia absorvendo 4.000 empresas de telefonia regionais.

Em contrapartida a tamanho poder, Vail aceitou mecanismos de controle público sobre sua companhia, como a definição estatal da tarifa telefônica e a proibição de atuar em outros mercados (Dantas, 2012). Bolaño (2000) aponta que a regularização da radiodifusão na forma de oligopólios privados ou monopólios públicos também foi necessária para atender os interesses gerais dos monopólios capitalistas em outros setores da economia. O modelo de produção fordista, que demandava um altíssimo investimento, uma escala elevada de oferta e uma rigidez na organização da produção, precisava da manutenção da demanda a longo prazo para a redução dos riscos do negócio. Logo, era necessário criar audiências massivas concentradas em canais de conteúdo publicitário, com a publicidade satisfazendo a necessidade de manter a demanda por produtos constante e acelerar o ritmo de consumo dos indivíduos.

Nesse contexto, Orris C. Herfindahl e Albert O. Hirschman desenvolveram, entre as décadas de 1940 e 1950, o índice Herfindahl–Hirschman (HHI) para medir o grau de concentração de um mercado entre diferentes empresas e as condições de competição entre elas (Taplin, 2017). Acima de 2.500 pontos na escala HHI, o mercado era considerado monopolizado e com condições de competitividade abaixo do necessário para a manutenção da livre concorrência. A partir dos anos 1970, ocorre uma onda de desregulamentação da economia nos países centrais do capitalismo, com a quebra de diversos monopólios legais, inclusive nas telecomunicações (Dantas, 2012; Bolaño, 2000; Oliveira, 2017). Entre outros argumentos, a desregulamentação deveria favorecer o aumento da competição intercapitalista, a inovação e ganhos de produtividade. Contudo, quando consideramos o cenário atual do mercado da Internet, cuja governança é a menos centralizada e regulada possível (Oliveira, 2017), empresas como o Google e o Facebook ultrapassam no índice HHI o patamar de 7.000 pontos em diversos mercados (Taplin, 2017).

David Harvey (2013) descreve como, para preservar poderes monopolistas na dinâmica de mercado, corporações recorrem a duas manobras principais: uma ampla centralização do capital em megaempresas, que buscam avidamente o domínio por meio do poder financeiro, economias de escala e posição de mercado, e os direitos monopólicos da propriedade privadas por meio de patentes, leis de licenciamento e direitos de propriedade intelectual. Neste capítulo, analisaremos as tendências de oligopolização da

Internet, especialmente das plataformas baseadas na concentração de atenção, categoria cuja centralidade na EPC foi desenvolvida no segundo capítulo.

Apesar do *Big Data* e do florescente campo da economia da atenção, não se encontrou um estudo que apresenta-se uma análise do mercado global de atenção, isso é como o conjunto da humanidade ou pelo menos dos internautas despende seu tempo no consumo e produção de bens culturais. Nem há dados primários padronizados por país, como ocorre com os indicadores de renda, escolaridade, entre outros, que permitam nos limites desta obra produzir estimativas confiáveis. Portanto, a partir da descrição de Harvey (2003) das estratégias de constituição de monopólios capitalistas, consideramos alguns dados indiretos como indicadores da concentração da atenção humana por algumas corporações: valor de mercado, receita publicitária, concentração de acessos e downloads, práticas anticoncorrenciais/monopolistas. Além disso, foi possível reunir resultados de pesquisas qualitativas e quantitativas que indicam como se distribui o tempo de atenção para algumas amostras segmentadas da população mundial.

Segundo Durand (2017), na medida em que o valor de mercado corresponde ao valor total das ações de uma empresa, representando a expectativa de lucros futuros, indica uma direção para a acumulação capitalista nos próximos anos. A média das opiniões sobre o futuro expressas por meio de investimentos na bolsa é, afinal, a voz mais sincera do oráculo do capital sobre o que será em breve nossa sociedade. Nesse sentido, o pesquisador francês destaca que entre as empresas que lideram as posições no ranking do mercado financeiro global houve uma transição das ligadas à produção e à venda de bens materiais para as que fornecem bens e serviços imateriais a partir da década de 1990 (Durand, 2017).

Apresentamos a ressalva à Durand (2017) de que parte relevante dos investimentos financeiros está descolada de qualquer base real atual ou futura, respondendo apenas à especulação e à volatilidade de fluxos de capital que permitem obter pequenas rendas diferenciais (Harvey, 2005). Por exemplo, a bolha especulativa das "empresas.com", no final dos anos 1990, permitiu que um enorme ecossistema de empresas de serviços digitais alimentadas por capital de risco emergisse e desaparece-se durante um curto período de tempo sem maiores consequências para o futuro da Internet.

Contudo, considera-se que a hipótese de Durand (2017) é válida quanto a tendências de investimento de longo prazo que mostram consistência por meio da correlação contínua entre aumento de valor financeiro e aumento de participação no mercado real em que atuam. Desse modo, embora o autor não considere em seu trabalho essa dimensão especulativa, sua análise é baseada em uma série histórica de 30 anos, apontando que os proprietários de capital apostam em uma tendência de transformação estrutural de quais serão os setores mais dinâmicos do capitalismo no próximo período. No final de 2018, as cinco maiores companhias em valor de mercado global eram: Apple, fundada em 1976 e atualmente valendo U$$ 926,9 bilhões; Amazon, criada em 1994 e hoje com U$$ 777,8 bilhões; Alphabet, com 766,4 bilhões; Microsoft, surgiu em 1975, vale 750,6 bilhões; e a rede social de 2004 Facebook, cuja empresa alcançou 541,5 bilhões (Seto, 2019).

A Alphabet é uma *holding* de todos os negócios relacionados ao Google, fundada em 2015 pelos criadores do buscador e seus acionistas para separar os investimentos no principal negócio da companhia, o mecanismo de busca, com o de projetos inovadores de riscos mais altos. A diferença é demarcada por dois símbolos distintos nas bolsas globais, GOOGL para a companhia principal e GOOG para os negócios derivados, ambos pertencentes à Alphabet. Para efeitos deste trabalho e favorecer a compreensão do leitor, consideramos a Alphabet como uma manobra formal e fiscal e nos referirmos aos seus ativos e receitas como equivalentes aos da empresa Google fundada em 1998, já que sua estrutura corporativa segue controlando-os na prática.

Essas cinco companhias alternam entre si suas posições no topo do ranking em função da volatilidade financeira, com o Google em alguns períodos ocupando o lugar de empresa mais valiosa do mundo e o Facebook tendo perdido posições após sofrer, em julho de 2018, a pior queda em valor de mercado de uma companhia da história, com perdas de U$$ 119 bilhões, cerca de 19% do seu valor, em apenas um dia (Otani; Setharaman, 2018). Essa queda não foi devido aos escândalos de vazamentos de dados que afetam a companhia, mas da divulgação do desaceleramento de sua previsão de expansão global para 2019 e da frustração de expectativas do mercado com sua capacidade de monetizar o WhatsApp e o Instagram até agora (Otani; Setharaman, 2018). O relevante é que em apenas dez anos as empresas ligadas à tecnologia digital hegemonizaram completamente o ápice do mercado financeiro, indicando enormes concentrações de capital e de expectativa de acumulação nos setores da economia centrados na informação. Ainda em 2008, as cinco maiores empresas em valor de mercado eram: Exxon, fundada em 1870, General Eletric, fundada em 1892, Microsoft, fundada em 1975, AT&T, fundada em 1885 e Proctor & Gamble, fundada em 1837 (Johnston, 2018).

Até 2008, quatro das cinco empresas do topo do ranking haviam sido fundadas no século XIX, a partir das revoluções tecnológicas que iniciaram a etapa monopolista do capitalismo. Em 2018, três das cinco não existiam antes da Internet se expandir na década de 1990. Duas foram pioneiras na década de 1970, no mercado de dispositivos eletrônicos para uso pessoal. Podemos considerar essa uma tendência histórica que, em poucos anos, deslocou hegemonias seculares no mercado de capitais, embora nada impeça que no futuro as empresas de plataformas digitais percam recursos ou venham a confluir com outros setores, como a produção de bens materiais inteligentes baseados em nanotecnologia e biotecnologia. Uma ressalva relevante é que, embora empresas norte-americanas dominem os cinco primeiros lugares na hierarquia de companhias globais mais valiosas, entre as dez primeiras posições já surgem corporações chinesas proprietárias de plataformas sociais, mecanismos de busca e de comunicação interpessoal. Como apresentado anteriormente, nos limites deste trabalho, não analisaremos de forma detalhada os oligopólios chineses da Internet.

Destaca-se que as empresas com maior velocidade de crescimento são justamente as mais recentes, Google e Facebook (Seto, 2019). Qual o modelo de negócios dessas duas corporações que aponta para uma aposta tão decidida do capital nelas? É a articulação das tecnologias digitais com um modelo de negócios baseado na publicidade, ou seja, a mercantilização da maior concentração de atenção humana disponível. Em resumo, o Facebook e o Google operam principalmente por meio do leilão de blocos de audiência segmentada, ou seja, ofertam a expectativa de que o conteúdo publicitário terá a atenção de indivíduos com as características exatamente desejadas pelos anunciantes e que essa expectativa poderá ser comprovada a partir das métricas de interação dos usuários. Tanto a definição dos segmentos quanto a eficiência do alcance da publicidade prometida pelo Google e Facebook são baseadas na extração de dados dos usuários e seu processamento pelos respectivos algoritmos.

Diferente da radiodifusão, Google e Facebook conseguem em um mesmo momento dividir a atenção de cada indivíduo em uma série de "blocos de atenção" personalizados (Beller, 2006), permitindo que uma mesma pessoa seja incluída em diferentes segmentos-alvo de anunciantes, negociados em um mercado de ações de atenção, onde os compradores podem concorrer por eles. Trata-se de uma realidade antecipada pelo conceito de "dividual", no qual os seres humanos são tratados pelo poder como segmentações de diferentes populações, proposto por Deleuze (2018).

Desenvolvemos anteriormente neste livro a relação entre propaganda, atenção e dados como categorias econômicas e teóricas no campo dos estudos da comunicação, mas por ora consideramos que a distribuição das verbas publicitárias indica em geral a expectativa do alcance de audiências, ou seja, a captura de atenção de uma dada população medida quantitativamente e qualitativamente. Nesse sentido, os gastos com publicidade a nível mundial não param de crescer, passando de U$$ 399 bilhões, em 2010, para U$$ 521 bilhões (Seto, 2019), em 2017, ou até mesmo U$$ 600 bilhões, a partir de uma outra estimativa (Trends..., 2015). Para efeitos de comparação, as receitas globais da indústria de petróleo e gás atingiram U$$ 2 trilhões e as da agricultura cerca de U$$ 2,84 trilhões, em 2017 (What Percentage..., 2018).

Nesse contexto, 25% de todas as receitas mundiais de publicidade pertencem a apenas duas empresas, o Google e o Facebook, que juntos concentram 61% da publicidade online (Seto, 2019), resultando em um duopólio digital, cuja fatia do mercado apresenta crescimento constante na última década. Embora haja uma tendência acelerada de crescimento da publicidade digital, em 2017, a televisão aberta e a cabo ainda capturava a maior parte dos gastos com publicidade no mundo, cerca de 39%, fatia que se estima diminuir em cerca de 3% a cada ano até 2020 (Seto, 2019). Contudo, o Google e o Facebook não possuem rivais relevantes no Ocidente em termos de ganhos de publicidade, porque conseguiram oligopolizar os fluxos de atenção online em escala global, de forma que nenhuma empresa da radiodifusão e Indústria Cultural tradicional conseguiu em suas respectivas áreas.

Para efeitos de comparação, uma das maiores empresas originadas na radiodifusão do planeta, o grupo Globo alcançou receita de U$$ 4,2 bilhões de dólares (Seto, 2019), em 2017, majoritariamente ganhos com publicidade. Demonstra um grau de concentração elevado do mercado publicitário brasileiro, cuja receita total foi de U$$ 11,9 bilhões no mesmo ano, tornando-se a quarta maior do planeta ao ultrapassar a da Inglaterra (Seto, 2019). Já a receita total do Facebook foi de U$$ 40,6 bilhões, em 2017 (Seto, 2019). Noventa e dois por cento da receita do Facebook vêm da publicidade em sua plataforma principal, a rede social de mesmo nome. Enquanto isso, U$$ 110 bilhões dos U$$ 190 bilhões de receita anual da Alphabet são originados pelo modelo publicitário vinculado ao serviço de buscas do Google (Seto, 2019). Importante notar que a receita do Google e do Facebook não foi afetada pelos escândalos de vazamento de dados e a pressão governamental sobre questões de privacidade e desinformação. A receita do Facebook com publicidade cresceu 36.3%, em 2018 (Seto, 2019).

A expressividade do duopólio no Ocidente formado por Google e Facebook também pode ser demonstrada pela comparação com outras companhias que buscam capturar atenção e são mediadores de relações políticas, comunicacionais e sociais de seus usuários, como o Twitter. O Twitter possui 330 milhões de contas ativas (Hatch, 2018), das quais 15% se estimam que sejam robôs (Varol *et al.*, 2017). Sua principal fonte de receita, a publicidade, atingiu U$$ 2,6 bilhões de dólares, em 2018, menos do que as Organizações Globo. Do ponto de vista do valor de mercado, ele alcança apenas U$$ 11,8 bilhões (Seto, 2019). Isso ocorre porque, segundo pesquisadores como Howard e Wooley (2018), o Twitter não é uma rede de relevância global, tendo participação expressiva em apenas alguns países, como a Arábia Saudita, enquanto em outros é uma mídia social de nicho, equivalente ao Tumblr e ao Pinterest.

Há alguns países onde a influência do Twitter possa ser maior por ser meio de expressão de formadores de opinião como mandatários, políticos e jornalistas; pela facilidade de processos de automatização em massa ou por pautar a imprensa pela articulação dos *trending topics* com práticas de agenda *setting* (Howard; Wooley, 2018). Contudo, sugerimos que a influência da rede social pode ter sido sobrevalorizada pela quantidade de estudos acadêmicos realizados em função da facilidade de obtenção de dados por meio da API, interface de intercâmbio de dados com terceiros, do Twitter quando comparado a outras plataformas. Brevemente, trata-se de levantar a questão epistemológica se um conjunto de pesquisas não foi enviesado pela opção metodológica de analisar o Twitter, propondo conclusões e questões para as redes sociais em geral, a partir de uma plataforma de arquitetura particular e relevância relativa. Inclusive, a maior transparência e acessibilidade aos dados do Twitter pode ter sido uma tática comercial eficaz de reforçar sua presença de marca, a partir da repercussão do trabalho de pesquisadores, desenvolvedores autônomos e jornalistas de dados. Essa possibilidade compensaria sua incapacidade de gerar lucros ou ampliar mercado.

Nos limites desta obra, não investigaremos esse tema, apenas apresentamos a reflexão que nos leva a desconsiderar o Twitter como um agente digital monopólico na disputa por atenção, assim como redes sociais ainda menores como o Snapchat, pelo fato de não concentrarem capital e volume de publicidade relevantes em escala global, estando há duas ordens de grandeza nesses dois critérios em relação ao Facebook e o Google.

Don't be Evil: concentração de mercado e práticas monopólicas

Para além das diferenças quantitativas, há uma diferença qualitativa entre Twitter, Snapchat e outras empresas e a atuação do Facebook e do Google. Apesar da origem em um serviço ou plataforma original, o Facebook e o Google consolidaram suas respectivas parcelas da atenção constante da humanidade combinando a concentração horizontal, vertical e cruzada de mercado, nos termos da economia política da comunicação propostos por Lima (2012), num nível que os permite atuar de forma monopolística. O Facebook e o Google alcançaram a capacidade de adotar práticas monopolísticas de limitação da competição em seus respectivos mercados. Seja pela aquisição competitiva de novos competidores no mercado da atenção, caso da compra do YouTube pelo Google e do WhatsApp e Instagram pelo Facebook; seja por tentar dificultar o acesso, caso do Google contra o serviço de busca Duck Duck Go ou suprimir a demanda que os impulsiona, caso do Facebook com o Snapchat, por meio da criação da função Stories do Instagram.

Segundo Lima (2012), a concentração horizontal é o domínio de uma mesma área da comunicação por um único setor, já a vertical é o controle direto das diferentes etapas da cadeia de produção e distribuição de informações por uma mesma empresa. Além disso, há a propriedade cruzada quando um mesmo grupo detém diferentes tipos de mídia do setor de comunicações. O Google possui hegemonia em seis dos principais serviços digitais: buscas, vídeos com o YouTube, sistemas operacionais com o Android, mapas com o Google Maps e navegador com o Chrome. A empresa concentra 77% das buscas da Internet, em 2018 (Trends..., 2015), processando 40 mil delas por segundo. O YouTube possui 1,57 bilhões de usuários que assistem a 5 bilhões de vídeos todos os dias (Hatch, 2018). E a hegemonia mais estratégica a longo prazo do Google talvez tenha sido a obtida por meio do sistema operacional Android presente em 83% dos smartphones vendidos no mundo (Vincent, 2017) e em 93% dos dispositivos móveis no Brasil (Intervozes, 2018).

Já a companhia fundada por Mark Zuckerberg possui ativos mensalmente 1,82 bilhões de usuários via dispositivos móveis no Facebook, 1 bilhão no WhatsApp, 900 milhões no Messenger e 400 milhões no Instagram, detendo 75% do mercado de mídia social móvel (Seto, 2019). O que o Google e o Facebook conseguiram alcançar foi um cenário no qual as concentrações horizontais, verticais e cruzadas de mercado se retroalimentam mutuamente, na medida em que combinam suas externalidades de rede. Em um dado momento, as externalidades de redes deixam de ser apenas vantagens competitivas e se tornam barreiras de entrada para novos atores em cada mercado, o que marca o momento de oligopolização. Outras companhias tentaram conquistar o mesmo objetivo, mas falharam. Inicialmente baseados em serviços acessíveis por desktop, Google e Facebook conseguiram ampliar esse processo enormemente na transição que ocorre do acesso à Internet dos computadores de mesa para os dispositivos móveis, que concentrarão cada vez mais a mediação da experiência digital da humanidade. De acordo com a Trends... (2015), globalmente os consumidores já passam na média mais tempo todos os dias interagindo com dispositivos móveis do que assistindo à televisão e em computadores pessoais.

A Apple, pioneira no mercado de smartphones, buscou construir uma concentração vertical entre hardware, sistema operacional, navegador, serviço de busca e mercado de conteúdo e aplicativos. Ao buscar monopolizar todos esses mercados, enfrentou fortes interesses em cada um deles, resultando em um ecossistema próprio que tende a se tornar um nicho de respeitável tamanho, mas ainda assim um nicho. Já a Microsoft conquistou a hegemonia operacional nos computadores pessoais ao descolar a oferta dos seus softwares da do hardware, tornando o seu sistema operacional o padrão nativo para as máquinas produzidas por diversos fabricantes. Contudo, no mercado de smartphones, apostou no modelo de negócios da Apple mediante da compra da Nokia para fabricar seus Windows Phones, por meio do qual incentivou principalmente os usuários a utilizarem o serviço de busca Bing e o seu navegador. Ao contrário, o Google abriu seu sistema operacional móvel para que diversas fabricantes de hardware o utilizassem, inclusive podendo customizar versões próprias do Android, desde que elas permanecessem com os protocolos e a arquitetura comum do sistema. Sistema inclusive muito mais acessível à desenvolvedores autônomos de aplicativos comparado ao da Apple. Assim como o Windows nos computadores pessoais, o Android se tornou o padrão nativo para a maioria dos celulares fabricados no mundo.

Enquanto isso, o Facebook, em vez de apostar em um Facebook Phone, mirando hardware ou sistemas operacionais, buscou consolidar seu domínio no mercado de aplicativos. Além de garantir a presença nativa de seus aplicativos nos aparelhos em ambos os sistemas operacionais dominantes, IOS da Apple e Android, por meio de contratos com as fabricantes e essas duas companhias, adquiriu aplicativos rivais que começavam a ganhar relevância como o Instagram e o WhatsApp. Como resultado, apesar da abundância de oferta de aplicativos disponíveis, 75% da Apple Store dos aplicativos baixados eram produzidos por Facebook e Google. O Facebook concentra 85% do total de downloads na Play Store, loja do Android, somando os aplicativos Facebook, Facebook Lite, FB Messenger, FB Messenger Lite, WhatsApp e Instagram. São 293 milhões de downloads, enquanto o Google apresenta apenas 5% dos downloads, seguido de Snapchat, Spotify, Netflix e Pinterest (Intervozes, 2018). É necessário considerar o baixo número de downloads de aplicativos pertencentes ao Google à luz do fato de que a maior parte dos serviços oferecidos pela companhia já vem instalada de fábrica na maioria dos smartphones do mundo junto com o sistema Android.

A partir dos dados expostos anteriormente, podemos compreender melhor como o Google e o Facebook atuam de forma monopólica a partir das categorias descritas por Lima (2012) de concentração horizontal, cruzada e vertical de mercado. A experiência da Internet do usuário final depende de uma série de programas e protocolos inter-relacionados que operam em camadas sobrepostas, com as mais básicas tendo sido herdadas do desenvolvimento não mercantil da Web: o protocolo HTTP, os endereços de URL, a utilização de IPs, a atribuição de domínios, as próprias linguagens de programação de código aberto. Contudo, em outros níveis, desenvolvedores são profundamente dependentes do controle das corporações que monopolizam determinada camada ou serviço. Por exemplo, fabricantes dos aparelhos celulares precisam da licença dos sistemas operacionais; criadores de extensões dependem da permissão dos navegadores; desenvolvedores de aplicações, da autorização do sistema operacional e acesso às respectivas lojas de aplicativos; sites na Web de que os navegadores reproduzam corretamente seus conteúdos e os serviços de busca os indiquem em seus resultados.

O Google, ao obter concentração vertical e cruzada no mercado de sistemas operacionais móveis, mecanismos de busca e navegadores, buscou de forma integrada impedir em cada uma dessas dimensões o acesso dos usuários à concorrência. Em primeiro lugar, o Google obrigou por contrato os fabricantes que adotaram o Android a instalar sua ferramenta de busca e navegador nos aparelhos antes da venda e impediu que eles firmassem parcerias para oferecer outros buscadores ou serviços da concorrência instalados de fábrica. Essa prática levou a União Europeia a condenar o Google por práticas anticoncorrenciais com uma multa de € 4,34 bilhões (Google..., 2018).

Mas o caso mais exemplar de práticas monopólicas cruzadas do Google são suas ações contra o serviço de busca Duck Duck Go. Duck Duck Go é um mecanismo de busca que alega direcionar publicidade apenas a partir das palavras-chaves pesquisadas, sem coletar dados do usuário. De fato, a proteção da privacidade do usuário é ofertada como principal diferencial do serviço, que afirma não registrar seu histórico e o auxiliar a bloquear o rastreamento de sua navegação por terceiros por meio de criptografia. Em resumo, a companhia afirma para os usuários que "seus dados não deveriam estar à venda" e explicitamente se apresenta como alternativa ao Google e sua política de extração de dados. A empresa Duck Duck Go denuncia o Google por impedir que sua extensão seja instalada no navegador Chrome no sistema Android, o que teria levado a uma participação sua muito inferior nesse sistema do que comparado ao iOS dos smartphones da Apple. Ao mesmo tempo, na versão do Chrome para desktop, a cada nova atualização da extensão Duck Duck Go, o navegador dispara uma caixa de diálogo convidando os usuários a desativá-la e a reverter suas configurações de busca para utilizar o Google (Cuthbertson, 2018).

A denúncia também aponta que, quando os usuários digitam Duck Go no campo de endereço do Chrome ou na ferramenta de busca do Google, ambos indicam em primeiro lugar o domínio duck.com, que é da propriedade do próprio Google e que redireciona de volta para o seu site de buscas, em vez de indicar o domínio duckduckgo.com (Cuthbertson, 2018). Após as denúncias, o domínio duck.com foi negociado e passou a ser da propriedade da empresa Duck Duck Go. Apesar de concentrar 77% das buscas por meio de computadores pessoais e smartphones, o Google considerou necessário utilizar o controle que detém sobre diferentes serviços e diferentes estágios da cadeia de circulação de informações e atenção para dificultar por todos os meios que um novo concorrente conquiste usuários naquele que ainda é de longe sua maior fonte de receitas.

Nesse sentido, podemos considerar a hipótese de que a concentração cruzada e vertical do Google de diferentes serviços e mídias, embora alcance um vasto conjunto de aplicações, está subordinada em primeiro lugar a manter sua concentração horizontal no mercado de buscas, mesmo que isso implique em pagar multas bilionárias por práticas antitruste. Nada mau para uma companhia cujo lema corporativo oficial é *Don't be Evil*. Atualmente, o Duck Duck Go detém uma parcela minúscula de mercado. Mas as práticas do Google, se comprovadas, podem indicar o potencial que um novo modelo de negócios baseado em maior respeito à privacidade do usuário pode ter de ameaçar o modelo atual de extração de dados do capitalismo de vigilância (Zuboff, 2018), no qual se baseia a gigante californiana e que descreveremos no terceiro capítulo.

Já o Facebook buscou antecipar a concorrência de qualquer mídia social emergente no Ocidente por meio de uma política agressiva de aquisições, adquirindo o WhatsApp e o Instagram. No caso do Snapchat, rede social surgida em 2011 que ganhava rapidamente usuários mais jovens no Estados Unidos, o Facebook tentou duas vezes, em 2013 e 2016, comprar a empresa antes que ela abrisse seu capital no mercado (Bastone, 2018). Não conseguiu. O Snapchat é uma rede social baseada no compartilhamento fugaz de vídeos e imagens que se tornavam disponíveis para os seguidores dos usuários por apenas 24 horas, após o qual desapareciam. Diante da recusa de suas ofertas, o Facebook emulou o principal diferencial do Snapchat por meio da função Stories, o qual agregou a cada um dos aplicativos que possui: Instagram, WhatsApp, Facebook e Messenger.

Trata-se de uma estratégia de saturação, aproveitando a enorme base de usuários que o Facebook tem em cada serviço. Dessa forma, o que era um diferencial de um concorrente se torna uma função banal, padrão de diversos aplicativos. Utilizando sua concentração cruzada de diferentes serviços nos quais é hegemônico, o Facebook tentou diminuir progressivamente a parcela de mercado do Snapchat, especialmente por meio do Stories do Instagram. Deu certo.

A tendência contínua de queda do Snapchat na participação de mercado e no seu valor nas bolsas leva hoje muitos investidores a considerar o futuro do Snap como condenado (Bastone, 2018).

Oligopólios desregulamentados versus disrupção tecnológica

O Google e o Facebook possuem uma lógica de concentração de capitais, receitas e práticas de organizações monopólicas que não são novas na história da comunicação social, mas sua escala é. No século XXI, a concentração se estende por um conjunto de necessidades comunicacionais que no século XX eram atendidas por mercados segmentados por tipo de mídia e fronteiras nacionais. O efeito de rede no Facebook e no Google reforça e é reforçado pela escala global de seus serviços. No caso do Facebook e dos serviços mediados por *login* do Google, o efeito Rede combina-se com a lógica do Jardim Murado (Dantas, 2014). Jardins Murados são a parcela da

Web cada vez maior que não pode ser livremente acessada em função da sua criptografia, apenas por meio de autorização das corporações proprietárias que concedem acesso aos usuários, quando estes criam contas e aceitam seus termos de uso e privacidade.

Efeitos Rede e Jardins Murados combinados tornam plataformas monopólios "naturais", porque oferecem enormes incentivos para que os usuários se concentrem nelas e aumentam os custo sociais, políticos e econômicos da não participação. A naturalização da centralidade de serviços proprietários como o Google e o Facebook na vida cotidiana afeta oportunidades de carreira, participação cidadã, estudo, sociabilidade. Basta analisar como os fluxos de informação, inclusive oficiais, entre membros de empresas, universidades e escolas públicas e privadas ocorre por meio de seus serviços. Kashmir (2019) realizou uma série de experimentos em que buscava sobreviver em seu cotidiano sem o uso de serviços digitais proprietários. Após cinco semanas sem utilizar serviços do Google, Facebook e outros oligopólios, a questão central não foi encontrar soluções técnicas alternativas para cada uma das funções que eles disponibilizam, pois muitas dessas existem inclusive sob licenças não comerciais.

O problema foi que a cooperação social necessária para dar conta das necessidades básicas de Kashmir, como moradia, mobilidade e trabalho, em uma sociedade onde o acesso a serviços digitais é generalizado e, ao mesmo tempo, oligopolizado, pressupunha seu acesso a mesma plataforma que os demais indivíduos dos quais dependia, o que tornou em resumo "sua vida um inferno" (Kashmir, 2019, p. 1). Em sociedades onde o acesso à Internet ainda não é hegemônico, a cooperação social independe dela. Nas demais, mais do que uma vantagem comparativa, o uso das plataformas online torna-se uma necessidade social sob o risco de ausência nelas se tornar marca de um processo de marginalização. Apenas nichos identitários, como os veganos digitais ou hackers, podem exercer o privilégio de estar ausentes das plataformas digitais que centralizam a socialização (Kashmir, 2019).

Enquanto isso, a alternativa do boicote ou da desconcentração do mercado pela emergência de novos serviços mais competitivos, tendo inclusive a transparência de dados e algoritmos e o respeito à privacidade como diferencial, é impedida pelas práticas anticoncorrenciais dos oligopólios. Como resultado, 22% da população mundial é usuária regular de algum serviço pertencente ao Facebook e 27% do Google, segundo Enberg (2018). Outras fontes apontam parcelas ainda maiores, com os serviços do

Facebook possuindo 2,7 bilhões de usuários ativos mensalmente (Seto, 2019), o que dá cerca de 35% da população global atual de 7,5 bilhões de pessoas (The State..., 2017). Já o Google possui sete serviços com mais de um bilhão de usuários regulares: Gmail, Android, Chrome, Maps, o serviço de busca homônimo, YouTube e Google Play (The State..., 2017). Essa é a realidade em um cenário no qual 52% da população do mundo ainda não possui Internet (The State..., 2017).

Para efeitos de comparação, em 1969, cerca de 600 milhões de pessoas ao redor do mundo assistiram à primeira vez em que um ser humano pousou na lua, recorde de audiência superado pelos 750 milhões de telespectadores que assistiram ao casamento de Lady Diana com o príncipe de Gales, em 1981. Atualmente, a cada quatros anos, os jogos olímpicos são assistidos por até 3,6 bilhões de pessoas e a Copa do Mundo por 3,2 bilhões (Guinness, 2018). O Google e o Facebook alcançam essas escalas diariamente. Tão importante quanto o número de usuários, é a captura do tempo de atenção de cada um deles. Trinta e dois por cento do tempo gasto em aplicativos no mundo pertence ao Facebook, 22% ao Google. Os usuários do Facebook passam 79 minutos por dia em seus aplicativos, mais tempo do que se alimentando (Levu, 2018).

A convergência tecnológica permitiu que uma série de serviços antes vistos como setores econômicos separados pudessem ser integrados em uma mesma cadeia econômica. No século XX, o serviço de comunicação interpessoal ocorria por meio dos Correios e da telefonia; a Indústria Cultural distribuía seus conteúdos por meio do cinema, televisão, rádio e mídias de áudio como os discos; surgiram empresas especializadas na produção e distribuição de notícias distintas das do entretenimento e do mercado editorial. Em grande parte, cada um desses setores era dividido entre oligopólios de alcance nacional e se acessava por interfaces e dispositivos distintos.

A convergência digital de todos esses setores leva à constituição de um mercado de atenção global interconectado, mas não necessariamente à sua oligopolização em um duopólio. Não eram impedimentos técnicos que dificultavam determinados grupos capitalistas de operar em escala mundial e em diferentes segmentos da Indústria Cultural de seus países, mas a regulação estatal. Do ponto de vista da produção de conteúdo, a própria separação entre a comunicação interpessoal restrita à telefonia e aos Correios e o modelo de radiodifusão baseado na produção comercial e profissional de programas não foi fruto de um desenvolvimento tecnológico, mas de uma imposição legal no século XX. A comunicação entre usuários e a livre distribuição não comercial de conteúdos gerados por eles, por meio do espectro eletromagnético que começava a surgir a partir de 1910, foi proibida na maioria dos países ou restrita em lei a nichos muito específicos, como o radioamadorismo ou emissoras comunitárias de curto alcance, (Dantas, 2012), sendo criminalizada sempre que ameaçava de alguma forma a hegemonia dos meios comerciais.

É preciso reforçar que a possibilidade da autocomunicação de massas pela produção e compartilhamento de conteúdo audiovisual gerado pelos usuários em escala global era uma possibilidade dada pelas técnicas de registro eletrônico e transmissão via espectro eletromagnético, desde a invenção do rádio e das tecnologias televisivas. Apesar da limitação do espectro comparada à capacidade de compartilhamento de informações por meio digital, sua ocupação poderia ter sido mais plural em outra ordem de grandeza, com um modelo de governança alternativo das ondas de alcance local, regional e global, das retransmissoras de sinal e da própria distribuição do tempo de ocupação de cada faixa do espectro. A generalização da produção e venda de aparelhos razoavelmente portáteis simultaneamente emissores e receptores de radiodifusão não possuíam qualquer impedimento técnico, tendo sido o padrão inicial para o rádio e podendo ter ocorrido pelo barateamento derivado de ganhos de escala (Dantas, 2012).

Provavelmente, ganhos de escala e efeitos de rede também poderiam ter generalizado o acesso a dispositivos de registro, edição e armazenamento de imagens, áudio e texto, se essa fosse uma prioridade do sistema social de produção, a partir das primeiras décadas do século XX. E de fato generalizaram em relação à produção de imagens, um dos principais conteúdos gerados e consumidos por usuários na Internet. De qualquer maneira, a partir da miniaturização do transistor, essa possibilidade técnica estava dada e começou a ocorrer, levando ao surgimento de rádios e televisões livres, momento a partir do qual a concentração da ocupação do espectro eletromagnético teve que se dar de maneira cada vez mais coercitiva, com a criminalização dessas experiências.

A manutenção cada vez mais coercitiva dos monopólios e oligopólios de radiodifusão explicitou que o modelo de rede extremamente centralizada da comunicação eletrônica, desde o início, foi uma imposição política em função de interesses comerciais e não técnica. De modo contrário, como descrito no trabalho anterior do autor (Seto, 2015), a Internet e os dispositivos digitais resultam de um desenvolvimento histórico de tecnologias no Ocidente governado, na maior parte do tempo, por uma razão de Estado não comercial, em função da competição no campo da cibernética e das tecnologias da informação com um bloco de regimes não capitalistas com aspirações à hegemonia global durante a Guerra Fria.

Ao contrário de tentativas dos Estados ditos socialistas ou mesmo de outros Estados capitalistas, como a França, a lógica não comercial nos Estados Unidos garantiu financiamento público, sem exigir uma governança centralizada na burocracia de Estado, favorecendo emergências de redes entre comunidades de desenvolvedores autônomos, em geral jovens pesquisadores e estudantes. O desenvolvimento da Internet a partir de uma lógica não mercantil só foi possível porque um conjunto de tecnologias desenvolvidas pela companhia AT&T foi impedido por lei de ser explorado comercialmente por ela, tendo que ser disponibilizadas para o acesso público sob licenças não comerciais (Seto, 2015). A proibição da concentração de propriedade cruzada, vertical e horizontal na comunicação social em países como o Estados Unidos e a Europa, no século XX (Dantas, 2012; Bolaño, 2000), manteve o mercado da atenção fragmentado entre diferentes atores.

Dessa perspectiva, a desregulamentação dos mercados de comunicação ocorrida em série em diversos países, a partir da década de 1990, foi tão ou mais decisiva para o surgimento de um duopólio de atenção no Ocidente quanto a convergência e a inovação tecnológica. A relevância dessa hipótese é que coloca em questão a principal defesa do Google e do Facebook, quando questionados se seus poderes de mercado não alcançaram o nível em que impedem a competição: o argumento da disrupção tecnológica. Diante da condenação por práticas antitruste, o CEO do Google, Sundar Pichai, defendeu que o Android colabora para as condições principais de um mercado competitivo: rápida inovação, liberdade de escolha e constante queda nos preços (Cuthbertson, 2018).

A inovação constante seria a condição principal pela qual qualquer situação de dominância de atores econômicos em um dado mercado seria temporária. Na medida em que surgem novos modelos de negócios com paradigma disruptivos, seus pioneiros conquistam mercado dos velhos atores, constituindo um novo equilíbrio até que haja um novo ciclo de inovação radical. Disrupção é o efeito revolucionário de uma nova tecnologia aplicado a um mercado, de forma a transformar qualitativamente a correlação de força entre seus atores (Serrano; Baldanza, 2017).

As novas plataformas de intermediação digitais de oferta e demanda de serviços de terceiros, as quais Dantas (2014) denomina de praças de mercado digitais, como o Uber, Ali Baba e Airbnb, são exemplos de estratégias disruptivas de mercado. Ao transferir o foco da prestação direta de serviços para a intermediação de relações entre uma comunidade de ofertantes de serviços autônomas e seus consumidores, essas plataformas alcançaram uma escala global de demanda e oferta superiores às dos velhos atores da indústria hoteleira, aluguel de carros e varejo. Ao mesmo tempo, a constante queda de preços não é citada por acaso pelo CEO do Google em defesa de seu modelo de negócios. No processo de desregulamentação do capitalismo iniciado na década de 1970, uma compreensão ampla dos efeitos nocivos da monopolização para os interesses da sociedade foi substituída pela preocupação única da capacidade de um monopólio determinar sozinho os preços do um mercado.

Dessa forma, na arbitragem jurídica da desregulamentação das telecomunicações norte-americanas que abriu espaço para a convergência de mercados, o juiz federal Green definiu o critério de redução de preços para o consumidor como única responsabilidade de intervenção do Estado, independentemente se apenas um ou vários atores atuavam em um mesmo mercado (Dantas, 2012). Contudo, preço pode não ser o único interesse dos consumidores em um mercado e novos atores com modelos de negócios inovadores podem ver seu crescimento dificultado e sua viabilidade financeira impedidos por práticas anticompetitivas de atores monopólicos, como vimos no caso do Duck Duck Go e do Snapchat.

A questão é que a Internet como nós conhecemos, capaz de universalizar o acesso à produção e à distribuição de informação, só foi possível tecnicamente porque velhos atores do mercado da comunicação como a AT&T foram impedidos por lei de competir e enfrentar um ecossistema de novos desenvolvedores que surgia (Dantas, 2012). Mais do que isso, a inovação necessária durante 30 anos para produzir e convergir as tecnologias que possibilitaram, no início dos anos 1990, a expansão da Web foi financiada por investimento público a fundo perdido do ponto de vista da expectativa de retornos financeiros, em universidades e agências de pesquisas. Em contrapartida, os protocolos e técnicas deveriam ser licenciados e ofertados de forma não comercial, seguindo a lógica do interesse público (Seto, 2015). O presidente norte-americano Barack Obama reconheceu isso de forma explícita: "Google e Facebook não existiriam hoje sem financiamento governamental" (Lucas, 2012, s/p).

Enquanto isso, o cenário atual de financiamento da inovação tecnológica baseada em capital de risco favorece aquisições agressivas do Google e do Facebook de novos atores ou condena esses, quando não atingem as expectativas de crescimento a curto prazo, caso do Snapchat. Além disso, a desregulamentação é uma tendência tão poderosa que nos Estados Unidos conseguiu reverter um dos avanços recentes, na tentativa de estabelecer marcos legais competitivos na Internet: a neutralidade de rede. Apesar da oposição do Google e do Facebook ao fim da neutralidade de rede, a combinação de interesses entre esses dois gigantes e as empresas de telecomunicações pode criar regimes de cobranças de conexão discricionários com incentivos econômicos tão poderosos para o acesso às plataformas que desestimulem a inovação ou mesmo a qualidade dos serviços. Por exemplo, a prática do zero rating é a oferta por parte das empresas que vendem planos de acesso à Internet, geralmente para dispositivos móveis, de que o tráfego de dados envolvidos na navegação do usuário em certos aplicativos e sites não será cobrado (Oliveira, 2017).

No Brasil, apesar da neutralidade de rede vigorar como princípio legal, a partir da aprovação do Marco Civil da Internet, diversas operadoras de telefonia vendem franquias de dados que não cobram o acesso apenas aos aplicativos mais populares, os do Google e do Facebook. O que significa um desestímulo econômico relevante aos usuários que cogitam experimentar aplicações de empresas rivais, dado que isso significará eles terem menos tempo de navegação ou terem que pagar ainda mais do que já pagam em seus planos. Caso essa prática já tivesse sido implementada em 2008, talvez o Orkut continuasse sendo a rede social dominante no Brasil, artificialmente mantendo sua hegemonia de mercado nacional por meio de práticas anticoncorrenciais.

O lema corporativo do Google *Don't be Evil* sugere a benignidade de um déspota esclarecido, a confiança que a sociedade deve depositar na autorregulação da indústria da Internet. Na crise de 2008, a sociedade norte-americana foi apresentada ao conceito *Too Big To Fail*: a alegação de que determinadas empresas concentravam tamanha influência que o governo não poderia permitir sua falência. Sugerimos em uma livre subversão do slogan do Google que essa companhia e o Facebook são empresas *Too Big To Don't be Evil*: apesar da ideologia californiana que projeta sobre essas corporações resquícios de uma imagem libertária associada ao potencial democratizante da Internet, a manutenção da sua concentração de mercado depende de esmagarem concorrentes e enfrentarem o interesse público, de forma a impedir politicamente por todo os meios que seus poderes sejam regulados.

Seus concorrentes no mercado da atenção sabem disso. Capitães da indústria de notícias, como o presidente do grupo CNN Jeff Zucker, denunciam o duopólio exigindo seu monitoramento. Zucker alega que os órgãos reguladores se preocupam com fusões de companhias, como AT&T e Time Warner ou Disney e Fox, mas ignoram os monopólios de Facebook e Google. Já Rupert Murdoch, dono da Fox e da News Corp, acusa os gigantes da Internet de favorecer a desinformação por meio de seus algoritmos em busca de lucro e cobra que esses paguem pelo acesso e indexamento dos sites de notícias (É preciso..., 2018).

Nesse contexto, o futuro da Internet, com consequências profundas para o conjunto cada vez maior de relações sociais mediadas por ela, passa principalmente por estabelecer qual será o modelo de governança aplicado às companhias digitais. A Internet ocidental pode se converter para um modelo de governança chinês ou os Estados ocidentais cada vez mais delegarão poderes as corporações, como o Facebook e o Google. Em outro cenário, a regulação dos monopólios pode ocorrer de forma similar à do século XX, por lei: a divisão de mercados, a limitação do alcance das companhias, a prevalência de interesses públicos para além da defesa dos interesses individuais e uma alternativa de financiamento público para desenvolvedores que possam operar fora da lógica do capital de risco.

Por fim, a existência de alternativas públicas, não necessariamente estatais, aos serviços de plataformas sociais, busca, hospedagem de conteúdo audiovisual e comunicação interpessoal também pode vir a ser viável. Depende da maioria da população se mobilizar com um programa nesse sentido e que países como o Brasil invistam no ensino de programação, letramento digital e desenvolvimento de aplicações de interesse público massivamente nos seus respectivos sistemas de ensino básico, médio e superior.

EPÍLOGO

A Web surgiu como um bem comum da humanidade, fruto final de um longo processo histórico de desenvolvimento da Internet sob uma lógica não mercantil, financiamento público e governança colaborativa sem a ingerência direta de autoridades estatais. Passados 30 anos, grande parte da atenção, da interação e dos dados produzidos pelos usuários da Internet é concentrada por um duopólio de escala global no Ocidente que concentra sozinho um quarto do modelo de negócios que sempre esteve no coração da Indústria Cultural: a publicidade.

Este livro buscou demonstrar como a captura da lógica de crescimento da Web e, em seguida, das redes sociais por sistemas algoritmos proprietários se tornou um elemento central da oligopolização da economia da atenção mercantilizada sob a forma de audiência, essa segmentada em um grau inédito em função dos dados e metadados extraídos dos usuários pelos mesmos algoritmos. Nos marcos de uma teoria geral de como se forma e é distribuída a riqueza da sociedade, discutiu-se como, do ponto de vista dos agentes capitalistas particulares, a acumulação de capital se dá por diferentes estratégias, mas todas elas contribuem principalmente para um processo global de espoliação de um tipo de riqueza, que pelas próprias características tem dificuldades de se manter presa à forma da propriedade privada e à "miserável lógica de roubo do tempo de trabalho" (Marx, 2011, p. 43).

Fora casos particulares, os capitalistas das plataformas sociais obtêm renda ao espoliar por coerção jurídica, extraeconômica, o conteúdo, interações e metadados de seus usuários, atividades e informações constituintes e constituídas de um bem comum da humanidade, o *General Intellect*. Para apoiar essa compreensão, sugere-se uma leitura do pensamento de Marx como método perspectivista, valorizando as mediações entre o particular e o geral que constituem a totalidade social. Muitas vezes, essas mediações são abandonadas por autores preocupados em propor paradigmas gerais de explicação de fenômenos econômicos e sociais complexos por meio do recorte específico de uma única dimensão.

Ao mesmo tempo, na medida em que os regimes de acumulação dependem das relações globais de poder em uma sociedade, os oligopólios baseados na captura de atenção, venda de audiência e espoliação de dados dependem de atuar como atores com estratégias de poder, o que significa dizer, disputando e organizando a hegemonia. A articulação entre algoritmos, regimes de acumulação do capital e disputas de hegemonia apresenta uma agenda futura de pesquisa.

Os algoritmos do Google e do Facebook, quando passam a definir as possibilidades de percepção do real, passam a constituir também o próprio real, seu poder se expressa como a capacidade de influir na construção de novas identidades e realidades compartilhadas. Perceber esse poder de mediação das condições de existência a partir da hegemonia significa compreendê-lo em um campo de tensões organizado a partir dos interesses estratégicos de setores da sociedade que medem entre si sua correlação de forças.

Como pretende-se desenvolver em futuros trabalhos, a concepção da hegemonia como forma pela qual as disputas de poder estratégicas atravessam as relações sociais é especialmente relevante, quando consideramos dois aspectos do problema das plataformas algorítmicas: as leituras sociais sobre o desenvolvimento tecnológico e a constituição de regimes de verdade, ambos intimamente associados à ideia de democracia em grande parte dos estudos do campo da comunicação e do senso comum.

Em sua monografia, o autor (Seto, 2015) descreve como uma tradição teórica *mcluhianna* identificou o desenvolvimento das tecnologias da comunicação com o advento de uma sociedade mais democrática, participativa e horizontal, em uma perspectiva tecno-centrada e utópica, uma filosofia do progresso centrada na comunicação. Ao mesmo tempo, grosso modo, pode-se dizer que uma tradição *frankfurtiana* ressaltou a crítica aos processos de alienação, reificação e reforço da subalternidade das massas exploradas por meio dessas mesmas tecnologias, em uma leitura tecno--determinista e pessimista. Em contraposição às visões tanto integradas quanto apocalípticas, para utilizar os termos propostos por Umberto Eco (1984), propõe-se o recurso à concepção de história proposta por Walter Benjamin nas suas teses sobre o Conceito de História (1940).

Segundo Benjamin (1940), a história até hoje só pode ser compreendida como um processo sistemático de enfrentamentos onde prevaleceu majoritariamente os interesses e, sobretudo, a leitura dos vencedores, aqueles que moldam a história como legitimação de sua capacidade de explorar, dominar e oprimir. Do ponto de vista dos oprimidos, a perspectiva da história como contínuo e crescente desenrolar do progresso universal deve ser revista sob a ótica de um processo de barbárie permanente, o acúmulo crescente de catástrofes. A visão de Benjamin (1940) é uma profunda ruptura epistemológica com uma tradição que opõe o progresso à barbárie, muitas vezes como forma de justificar a dominação. Benjamin acusa: a barbárie e o progresso são sempre complementares, cada monumento da civilização é também um monumento de barbárie.

Contudo, o pessimismo benjaminiano não considera a dominação como horizonte totalitário, asfixiante, onde mesmo as resistências estão previstas e, portanto, condenadas *a priori* à derrota ou a apenas reforçar e legitimar o sistema contra a qual originalmente se levantaram. Para Benjamin (1940), a leitura da história como correlação de forças pressupõe a possibilidade de que essa possa ser invertida, com uma ruptura política e epistemológica por parte dos oprimidos que permita a eles tomar conscientemente os rumos da história. Ainda mais original é o papel que Benjamin reserva aos oprimidos, explorados e dominados, no momento em que se tornam senhores de seus próprios destinos. Diferente de outras visões utópicas, para o pensador alemão, a esses novos sujeitos da história não cabe desenvolver ainda mais um progresso tecnológico abstratamente considerado como socialmente neutro e universalmente benigno, mas impor politicamente os interesses da maioria para domá-lo e mesmo freá-lo, impedindo que produza novas catástrofes.

Segundo Lowy (2013), considerando o contexto histórico de Benjamin, a perspectiva da revolução como um freio que impede o progresso de conduzir a humanidade para o abismo está relacionada à antecipação do papel da técnica na barbárie dos campos de guerra e de concentração da segunda Guerra Mundial. Após o escândalo da Cambridge Analytica e dos vazamentos de dados do Facebook, uma gramática negativa preocupada com os riscos e os efeitos políticos dos algoritmos e do *Big Data* emerge em discursos teóricos e jornalísticos, em contraposição às perspectivas tecno-otimistas que valorizavam as redes sociais como vetores de mobilização cidadã.

Adotar uma perspectiva benajaminiana é considerar que o desenvolvimento tecnológico e seus efeitos políticos e sociais dependem da correlação de força entre classes e seus interesses, não só de novos padrões técnicos de dominação ou potencialmente emancipadores. Na mesma medida em que a história está sujeita à hegemonia, a ser definida na tensão da correlação de forças, está também à verdade enquanto relação social que legitima determinados discursos enquanto marginaliza outros. Como demonstrado neste trabalho, parte da academia, do jornalismo e dos estados nacionais busca responder aos efeitos, considerados negativos, da mediação das relações políticas por mídias sociais legitimando ainda mais o papel das plataformas algorítmicas como autoridades que determinam a verdade e, portanto, o direito à circulação dos discursos produzidos por seus usuários.

A empresa jornalística tradicional, para obter sua verdadeira fonte de receita, a publicidade, depende de ofertar uma mercadoria com efeitos de verdade, ou seja, "conteúdo jornalístico", em troca da atenção de seus consumidores. O sucesso publicitário do Google e do Facebook em parte trata-se desses se apresentarem como mediadores, concentradores de atenção que não possuem responsabilidade editorial, nem o custo de produção, do conteúdo que intermediam. Contudo, o crescente efeito social e político do uso de seus serviços, sobretudo o processo compreendido como desinformação, ou seja, a circulação de *fake news* e seu impacto em eleições e na opinião pública, constrange e, ao mesmo tempo, legitima o Google e o Facebook a assumirem responsabilidades editoriais crescentes em relação às informações que por meio deles circulam.

Em uma perspectiva benjaminiana e gramsciana, o discurso dos riscos e efeitos das *fake news* é a forma pela qual se constrói o consenso em torno do poder coercitivo e arbitrário de determinados atores dominantes determinarem a leitura hegemônica da história e da realidade social. História inclusive porque, na mesma medida em que as corporações da internet armazenam todo o histórico de seus usuários, elas são capazes de editar a qualquer momento o acesso ou a existência das informações e, portanto, do registro histórico disponível dentro delas. Como exemplo pontual, revisando um trabalho anterior do próprio autor, uma busca realizada em 2019 obteve grandes dificuldades de acessar registros audiovisuais sobre as manifestações de 2013 disponibilizadas online por usuários de plataformas sociais, dado que a maior parte dos links não funciona mais.

Google e Facebook passam a estimular a divulgação de conteúdo verificado, o que significa dizer aquele produzido pelos oligopólios jornalísticos ou por novos *players*, como as agências de *fact-check*. O fato jornalístico, velha ideologia que legitima a produção de efeitos de verdade por parte das empresas de notícias, por meio de práticas como a apuração, a investigação, enfim, o trabalho jornalístico, com ressonâncias de neutralidade e objetividade, ressurge com centro da aliança do Duopólio de publicidade com aqueles atores que cada vez mais a perdem. Nesse sentido, a crise de representação e representatividade da indústria jornalística e de seus velhos oligopólios, assim como de frações políticas tradicionais associadas a ela, diante da ampliação da diversidade de narrativas sociais disponíveis na sociedade, resolve-se ao se associarem velhos e novíssimos oligopólios da comunicação.

Essa resposta à crise de hegemonia de representação da realidade social, cujo sintoma é a proliferação de *fake news*, parece indicar a tentativa do que Gramsci (2003) denominaria revolução pelo alto ou via prussiana, onde velhas e novas frações dominantes emergentes relegam suas disputas a um nível secundário diante de um pacto para evitar que as contradições de novas relações sociais possam levar a rupturas radicais da ordem social. Essa perspectiva pode ser estendida para outras relações mediadas por algoritmos, cujas decisões cada vez mais possuem soberania sobre vidas humanas. O'Neil (2016) descreve os efeitos de decisões de algoritmos no sistema judiciário; financeiro, de ensino; crédito, policiamento; penitenciário; saúde e em processos seletivos de emprego. Em comum em todos esses casos, segundo a autora, está o padrão dessas decisões reforçarem a desigualdade social, a estigmatização de minorias étnicas e o fato de que o poder punitivo do Estado se concentra sobre os mais pobres e os privilégios de acesso entre os mais ricos.

Na perspectiva da hegemonia, esse padrão algorítmico apontado por O'Neil (2016) se chama recorte de classe e é efeito dos algoritmos estarem a serviço de um projeto de poder que busca manter a divisão da humanidade entre explorados e exploradores, oprimidos e opressores e dominantes e dominados. Na contramão da expectativa de efeitos disruptivos da aplicação de algoritmos, velhos padrões de poder são reforçados pelo viés e interesses humanos que suas programações replicam. Contudo, a hegemonia compreendida como totalidade das relações políticas mediadas por processos de consenso, coerção, tensão e resistências não é a única chave interpretativa aplicável às relações de poder articuladas por algoritmos e dispositivos digitais interconectados. Há outras interpretações possíveis, não necessariamente contraditórias com a hegemonia, como a que considera essas relações como constituídas por uma governança algorítmica (Silveira, 2017; Butcher, 2018).

Ao mesmo tempo, a noção de Hegemonia é interessante, porque aponta que todo exercício de poder possui limites. Hegemonia implica em contra-hegemonia, na existência de saberes, atores e estratégias marginais, desviantes que, no entanto, podem vir a disputar o conjunto da sociedade para estabelecer novos pactos sociais. Nesse sentido, a contrapartida da existência de uma política dos Monopólios Algorítmicos digitais é a possibilidade de existência de estratégias como o desenvolvimento de algoritmos do oprimido e a emergência de greves de dados, não só em uma perspectiva econômico-corporativo que parta do reconhecimento do caráter de "trabalho" dos usuários da Internet, mas também enquanto manifestação política que pressiona por um outro regime de poder e propriedade para a Web.

Por fim, as conclusões desta obra implicam não só na continuidade de uma agenda de pesquisa, mas na necessidade de avançar no debate sobre políticas públicas em relação aos oligopólios da Internet e o impacto das decisões de algoritmos sobre a vida dos cidadãos. A compreensão de que os Monopólios Algorítmicos digitais são agentes de um processo de espoliação de um bem comum, o *General Intellect* do conjunto da humanidade, coloca a necessidade de pensá-los não somente a partir do horizonte do direito à privacidade dos indivíduos, hegemônico na discussão atual sobre dados como demonstra o trabalho de Silveira (2017).

Em um paralelo com outro bem comum, a natureza, a Internet deve ser pensada como um fenômeno do qual derivam direitos individuais, como a privacidade; direitos coletivos, como os de atingidos coletivamente por decisões de algoritmos e tragédias de vazamento de dados; e os difusos, aqueles que pertencem ao conjunto da sociedade e, futuramente, potencialmente a todos os entes e agentes sencientes. Nesse sentido, além do direito à privacidade, os Monopólios Algorítmicos Digitais devem estar submetidos ao princípio da função social da propriedade, que, entre outras consequências, no caso da comunicação social do Brasil, prevê a proibição da existência de monopólios e uma série de mecanismos de participação popular.

Infelizmente, na contramão da União Europeia, a legislação brasileira de dados aprovada em outubro de 2018 foi mutilada por vetos do presidente da República Michel Temer. Temer restringiu a participação da sociedade civil na Autoridade Nacional de Dados e, mais importante, eliminou a garantia de que qualquer cidadão poderia exigir a revisão por uma pessoa natural, isto é, um ser humano, de uma decisão tomada por um algoritmo que a afetasse. Atualmente, a soberania popular sobre os algoritmos no Brasil foi restringida e a soberania dos algoritmos foi confirmada, sem caber recurso à supervisão humana.

Mas esse é um debate para uma próxima etapa desta trajetória.

REFERÊNCIAS

ADORNO, T. W. O Fetichismo na música e a regressão da Audição. *In*: ADORNO, T. W. et al. *Textos Escolhidos*. São Paulo: Abril Cultural, 1983, p. 115-146.

ANANY, M. Towards an Ethics of Algorithms: Convening, Observation, Probability and Timeliness. *Science, Technology, & Human Values Journal*,[S. l.], v. I, n. 25, p. 114-140, 2015.

ARTHUR, C. How low-paid workers at 'click farms' create appearance of online popularity. *The Guardian*, [S. l.], 2013. Disponível em: https://www.theguardian.com/technology/2013/aug/02/click-farms-appearance-online-popularity. Acesso em: 19 fev. 2019.

ASSANGE, J. *Quando o Google encontrou o Wikileaks*. 1. ed. São Paulo: Boitempo, 2015.

ASSANGE, J. *Cypherpunks*: liberdade e o futuro da Internet. 1. ed. São Paulo: Boitempo, 2013.

BARABÁSI, A.; ALBERT, R. Emergence of Scaling in Random Networks. *Science*, [S. l.], v. 286, 1999. Disponível em: www.barabásilab.com/pubs/CCNR-ALB_Publications/199910-15_Science-Emergence/199910-15_Science-Emergence.pdf. Acesso em: 18 jan. 2018.

BARABÁSI, A. *Linked*: The New Science of Networks. Nova York: Perseu Groups, 2002.

BASTONE, N. Mark Zuckerberg and Sheryl Sandberg reportedly approached Evan Spiegel and Snap's board about a possible acquisition soon before it went public. *Business Insider*, [S. l.], 2018. Disponível em: https://www.businessinsider.com/facebook-approached-snap-in-2016-to-discuss-acquisition-2018-12. Acesso em: 2 fev. 2019.

BARBERO, J. M. *Dos meios às mediações*: comunicação, cultura e hegemonia. Rio de Janeiro: Editora UFRJ, 2009.

BARBROOK, R. *Futuros imaginários*: das máquinas pensantes à aldeia global. São Paulo: Petrópolis, 2009.

BELLER, J. *The Cinematic Mode of Production*: Attention Economy and the Society of the Spectacle. Lebanon: University Press of New England, 2006.

BENJAMIN, W. *A obra de arte na era da reprodutibilidade técnica*. Porto Alegre: Zouk, 2012.

BENJAMIN, W. *Sobre o conceito de História*. São Paulo: Alameda, 1940.

BENSAID, D. *Marx*: manual de instruções. São Paulo: Boitempo, 2013.

BENTES, I. *Mídia Multidão*. Rio de Janeiro: Mauad X, 2015.

BERNABÉ, F. *Liberdade Vigiada*: privacidade, segurança e mercado na rede. 1. ed. Rio de Janeiro: Sinergia, 2013.

BITTENCOURT, M. *O Principe Digital*. Curitiba: Appris, 2016.

BOND, R. M. *et al*. A 62 million-person experiment in social influence and political mobilization. *Nature*,[S. l.], n. 489, p. 295-298, 2012.

BOLAÑO, C. *Indústria Cultural*: informação e capitalismo. São Paulo: Hucitec: Polis, 2000.

BOLAÑO, C. Economia Política da Internet: sites de redes sociais e luta de classes. *In*: CONGRESSO BRASILEIRO DE CIÊNCIAS DA COMUNICAÇÃO, 36., 2012, Manaus. *Anais* [...]. Manaus: Intercom, 2012.

BOURDIEU, P. *A Distinção*: crítica social do julgamento. São Paulo: Edusp, 2007.

BOURDIEU, P. Capital Simbólico e classes sociais. *Novos estudos:* Cebrap, [S. l.], n. 96, p. 105-115, 2013.

BRUNO, F.. Rastrear, classificar, performar. *Ciência e Cultura*, v. 68, p. 34-39, 2016.

BUENO, C. C. *The attention economy*: labour, time and Power in Cognitive Capitalism. London: Rowman & Littlefield International Ltd, 2017.

BUCHER, T. *If...Then*: Algorithmic Power and Politics. Nova York: Oxford University Press, 2018.

BOYD, D.; CRAWFORD, K. Critical questions for Big Data. *Information, Communication & Society*,[S. l.], v. 15, n. 4, p. 662-679, 2012.

BUMP, P. Trump 'shadow ban' tweet: A F.A.Q. *Washington Post*, [S. l.], 2018. Disponível em: https://www.washingtonpost.com/news/politics/wp/2018/07/26/trump-shadow-ban-tweet-a-f-a-q/?noredirect=on&utm_term=.2ff25cd87c28. Acesso em: 2 fev. 2019.

CABETTE, A. As críticas de um ex-executivo do Facebook à rede social. *Nexo Jornal*, [S. l.], 2017. Disponível em: https://www.nexojornal.com.br/expresso/2017/12/12/As-cr%C3%ADticas-de-um-ex-executivo-do-Facebook-%C3%A0-rede-social. Acesso em: 16 jan. 2018.

CANAVARRO, M. *Internet e trabalho produtivo não remunerado*: da criação de redes à palavra-mercadoria. 2014. Dissertação (Mestrado em Comunicação e Cultura) – Escola de Comunicação, Universidade Federal do Rio de Janeiro, Rio de Janeiro, 2014.

CANO, R. J. Google se torna a empresa que mais gasta com lobby nos EUA. *El Pais*, [S. l.], 2018. Disponível em: https://brasil.elpais.com/brasil/2018/01/25/tecnologia/1516858531_415491.html. Acesso em: 10 jan. 2018.

CARVALHO, H. L. R. *Participação política a partir de iniciativas online*: possibilidades, limites e desafios para a democracia. 2017. 102 f. Dissertação (Mestrado em Ciência da Informação) – Instituto Brasileiro de Informação em Ciência e Tecnologia, Universidade Federal do Rio de Janeiro, Rio de Janeiro, 2017.

CASTELLS, M. *A galáxia da Internet*: reflexões sobre a Internet, os negócios e a sociedade. Rio de Janeiro: Zahar, 2003.

CASTELLS, M. *Redes de indignação e esperança*: movimentos sociais na era da Internet. Rio de Janeiro: Zahar, 2013.

CIAMPAGLIA, G. L.; FLAMMINI, A.; MENCZER, F. The production of information in the attention economy. *Nature*, [S. l.], 2015. Disponível em: https://www.nature.com/articles/srep09452. Acesso em: 20 jan. 2019.

COCCO, G. *Trabalho e cidadania*: produção e direitos na crise do capitalismo global. São Paulo: Cortez Editora, 2012.

COLMAN, A. M. Cooperation, psychological game theory, and limitations of rationality in social interaction. *Behavioral and Brain Sciences*, [S. l.], v. 26, p. 139-153, 2003.

COHEN, D. Os monopólios da era digital. *Exame*, [S. l.], 2017. Disponível em: https://exame.abril.com.br/economia/os-monopolios-da-era-digital/. Acesso em: 3 fev. 2019

COUTINHO, C. N. *Gramsci*: um estudo sobre seu pensamento político. Rio de Janeiro: Editora Civilização Brasileira, 2012.

CUTHBERTSON, A. Google Uses Bizarre Tactics To Dominate Rivals And Confuse Their Customers, Search Engine Claims. *Independent*, [S. l.], 21 jul. 2018. Disponível em: https://www.independent.co.uk/life-style/gadgets-and-tech/news/google-alternatives-privacy-duckduckgo-search-engine-browser-chrome-eu-fine-a8455321.html. Acesso em: 3 fev. 2019.

DACOMBE, R. Systematic Reviews in Political Science: What Can the Approach Contribute to Political Research? *Political Studies Review*, [S. l.], v. 16, p. 148-157, 2017.

DAIGNEAULT, P.; JACOB, S.; OUIMET, M. Using systematic review methods within a Ph.D. dissertation in political science: challenges and lessons learned from practice. *International Journal of Social Research Methodology*, [S. l.], v. 12, p. 42-59, 2012.

DANTAS, M. Informação como trabalho e como valor. *Revista da Sociedade Brasileira de Economia Política*, [S. l.], v. 1, n. 19, p. 44-72, 2006.

DANTAS, M. *Trabalho com informação*: valor, acumulação, apropriação nas redes do capital. Rio de Janeiro: UFRJ: Escola de Comunicação, 2012.

DANTAS, M. Mais Valia 2.0: Produção e apropriação de valor nas redes do capital. *Revista Eptic Online*, [S. l.], v. 16, n. 2, p. 89-112, 2014.

DANTAS, M. Internet: praças de mercado sob controle do capital financeiro. *In*: CONGRESSO BRASILEIRO DE CIÊNCIAS DA COMUNICAÇÃO, 60., 2017, Curitiba. *Anais* [...]. Curitiba: Intercom, 2017.

DARDOT, P.; LAVAL, C. Anatomía del nuevo neoliberalismo. *Viento Sur*, n. 164, 2019. Disponível em: https://vientosur.info/spip.php?article14984. Acesso em 18 abr. 2019.

DEBORD, G. *A Sociedade do Espetáculo*: comentários sobre a sociedade do espetáculo. 3. ed. Rio de Janeiro: Contraponto, 1997.

DELEUZE, G. Post-Scriptum sobre as Sociedades de Controle. *Soma Terapia*, [S. l.], 2013. Disponível em: http://www.somaterapia.com.br/wp/wp-content/uploads/2013/05/Deleuze-Post-scriptum-sobre-sociedades-de-controle.pdf. Acesso em: 20 fev. 2018.

DIAMANDIS, P. A Data Storage Revolution? DNA Can Store Near Limitless Data in Almost Zero Space. *Singularity Hub*, [S. l.], 2018. Disponível em: https://singularityhub.com/2018/04/26/the-answer-to-the-digital-data-tsunami-is-literally-in-our-dna/#sm.0000hrm3696dsff6wby1bgwcxrcyn. Acesso em: 10 jan. 2018.

DURAND, C. L'envers De L'économique Numérique: Un Capitalisme Intellectuel Monopoliste. *Research Gate*, [S. l.], 31 maio 2018. Disponível em: https://www.researchgate.net/publication/325479245_L'envers_de_l'economie_numerique_Un_capitalisme_intellectuel_monopoliste. Acesso em: 20 jan. 2019.

DREIFUSS, A. *A internacional capitalista*. São Paulo: Espaço Tempo, 1987.

É PRECISO olhar monopólio do Facebook, diz presidente da CNN. *O Estado de São Paulo*, [S. l.], 27 fev. 2018. Disponível em: https://link.estadao.com.br/noticias/cultura-digital,e-preciso-olhar-monopolio-do-facebook-diz-presidente-da-cnn,70002205529 3/3. Acesso em: 8 jan. 2019.

EAGLETON, T. *Marx e a liberdade*. São Paulo: Ed. Unesp, 2006.

ECO, U. *Apocalípticos e integrados*. Madrid: Ed. Valentino Bompini, 1984.

ENBERG, J. Facebook's 2018 Year in Review And What to Expect for Usage, Advertising and Privacy in 2019. *Emarketer*, [S. l.], 2018. Disponível em: https://www.emarketer.com/content/facebooks-2018-year-in-review. Acesso em: 12 jan. 2019.

FACEBOOK muda feed de notícias para aumentar posts de amigos e parentes. G1, Economia e Tecnologia, 12 jan. 2018. Disponível em: https://g1.globo.com/economia/tecnologia/noticia/facebook-muda-feed-de-noticias-para-aumentar-posts-de-amigos-e-parentes.ghtml. Acesso em: 22 maio 2024.

FEDERICI, S. *Caliban e a bruxa*: mulheres, corpo e acumulação primitiva. São Paulo: Elefante, 2017.

FESTRÉ, A.; GARROUSTE, P. The 'Economics of Attention': A History of Economic Thought Perspective. *Economia*, [s. l.], v. 5, n. 1, p. 3-36, 2015.

FILHO, D. R. A nova lei alemã que obriga provedores de redes sociais a remover conteúdo publicado por usuários. *Jus*, [S. l.], 20 jan. 2018. Disponível em: https://jus.com.br/artigos/63533/a-nova-lei-alema-que-obriga-provedores-de-redes-sociais-a-remover-conteudo-publicado-por-usuarios. Acesso em: 20 fev. 2019.

FISHER, M.; TAUB, A. How YouTube Radicalized Brazil. *The New York Times*, [S. l.], 2019. Disponível em: https://tinyurl.com/y2wywhx5. Acesso em: 18 abr. 2019.

TRENDS In Global Advertising Industry: Winners And Losers. Forbes, [S. l.], 28 set. 2015. Disponível em: https://www.forbes.com/sites/greatspeculations/2015/09/28/trends-in-global-advertising-industry-winners-and-losers-part-1/#37955d1f50ac. Acesso em: 8 jan. 2019.

HOW much data do we create every day: the mind blowing stats everyone should read. Forbes, [S. l.], 2018. Disponível em: https://www.forbes.com/sites/bernardmarr/2018/05/21/how-much-data

do-we-create-every-day-the-mind-blowing-stats-everyone-should-read/#74b2899260b. Acesso em: 12 jan. 2019.

HOW much revenue can WhatsApp generate. Forbes, [S. l.], 2017. Disponível em: https://www.forbes.com/sites/greatspeculations/2017/11/10/how-much-revenue-can-WhatsApp-generate/#239896892f2c. Acesso em: 12 jan. 2019.

FUCHS, C. Class and exploitation on the Internet. *In*: TREBOR, S. (ed.). *Digital labor*. The Internet as playground and factory. Nova York: Routledge, 2013. p. 211-224.

FUCHS, C. The Digital Labour Theory of Value and Karl Marx in the Age of Facebook, YouTube, Twitter, and Weibo. *In*: FISHER, E.; FUCHS, C. (ed.). *Reconsidering Value and Labour in the Digital Age*. Basingstoke: Palgrave Macmillan, 2015, p. 26–41.

FONSECA, F. C. *História da computação*: o Caminho do pensamento e da tecnologia. Porto Alegre: Edipucrs, 2007.

FOUCAULT, M. Como se exerce o poder? *In*: DREYFUS, H.; RABINOW, P. *Michel Foucault, uma trajetória filosófica*. 2. ed. Rio de Janeiro: Forense Universitária, 1998.

FOUCAULT, M. *Segurança, território, população*: curso dado no Collège de France (1977-1978). São Paulo: Martins Fontes, 2008.

FOUCAULT, M. *Microfísica do Poder*. São Paulo: Editora Paz e Terra, 2015.

GARATTONI, B. A verdade sobre os Likes. *Superinteressante*, [S. l.], 2015. Disponível em https://super.abril.com.br/comportamento/a-verdade-sobre-os-likes/. Acesso em: 2 fev. 2018.

GARATTONI, B. A Internet levou um tiro no peito: vai sobreviver, mas não será a mesma. *Superinteressante*, São Paulo, n. 384, p. 12-13, 2017.

GRAMSCI, A. *Cadernos do cárcere*. Rio de Janeiro: Civilização Brasileira, 2001. v. 1.

GUATTARI, F.; ROLNIK, S. *Cartografias do Desejo*. Petrópolis: Vozes, 1996.

GERBAUDO, P. *Tweets and the Streets*: Social Media and Contemporary Activism. Londres: Pluto Press, 2012.

GHEDIN, R. Cinco dos dez canais que explodiram no ranking do YouTube durante as eleições são de extrema direita. *Intercept Brasil*, [S. l.], 28 ago. 2019. Disponível em: https://tinyurl.com/yyuptpf8. Acesso em: 20 dez. 2019.

GILES, M. It's time to rein in the data barons. *MIT Technology Review*, [S. l.], jun. 2018. Disponível em: https://www.technologyreview.com/s/611425/its-time-to-rein-in-the-data-barons/. Acesso em: 24 jun. 2018.

GOOGLE fined £3.8bn by EU over Android antitrust violations. *The Guardian*, [S. l.], 18 July 2018. Disponível em: https://www.theguardian.com/business/2018/jul/18/google-faces-record-multibillion-fine-from-eu-over-android. Acesso em: 20 nov. 2018.

GOLDHABER, M. H. The attention economy and the net. *First Monday*, [S. l.], 1997. Disponível em http://firstmonday.org/ojs/index.php/fm/article/view/519/440. Acesso em: 24 set. 2018.

GONZÁLEZ-BAILÓN, S.; BORGE-HOLTHOEFER, J.; MORENO, Y. Broadcasters and Hidden Influentials in Online Protest Diffusion. *American Behavioral Scientist*, [S. l.], v. 1, n. 23, p. 241-259, 2013.

GROHMANN, R et al. Plataformas de fazendas de cliques: condições de trabalho, materialidades e formas de organização. *Galaxia*,[S. l.], v. 47, p. 113-135, 2022a

GROHMANN, R et al. Click farm platforms: An updating of informal work in Brazil and Colombia. *Work Organisation, Labour & Globalisation*,[S. l.], v.16, n. 2, p. 123-34, 2022b.

GROHMANN, R; ONG, J. Disinformation-for-hire as Everyday Digital Labor. *Social Media + Society*, [S. l.], v.10, n.1, p.84-95, 2024.

GUINNESS. World Television Records. Disponível em: http://www.guinnessworldrecords.com/. Acesso em: 2 fev. 2019.

HAN, B. C. *Psicopolítica*: o neoliberalismo e as novas técnicas de poder. Belo Horizonte: Âyiné, 2018.

HARVEY, D. *A produção Capitalista do Espaço*. São Paulo: Annablume, 2005.

HARVEY, D. O novo imperialismo. 2. ed. São Paulo: Loyola, 2005.

HARVEY, D. *Condição Pós-Moderna*. São Paulo: Editora Loyola, 2018.

HARVEY, D. A arte de lucrar: globalização, monopólio e exploração da cultura. In: MORAES, D. (org.). *Por uma outra comunicação*: mídia, mundialização cultural e poder. Rio de Janeiro: Record, 2012, p. 139-172.

HARVEY, D. *O enigma do Capital e as crises do capitalismo*. São Paulo: Boitempo, 2011.

HATCH, C. Be in the Know: 2018 Social Media Statistics You Should Know. *Disruptive*, [S. l.], 28 mar. 2018. Disponível em: https://www.disruptiveadvertising.com/social-media/be-in-the-know-2018-social-media-statistics-you-should-know/. Acesso em: 2 out. 2018.

HERSCOVICI, A. Economia Política da Comunicação: uma tentativa de definição epistemológica. *Epitic online*, Fortaleza, v. 16, n. 3, p. 84-98, 2014.

HERN, A. Palmer Luckey: Trump-supporting Oculus founder leaves Facebook. *The Guardian*, [S. l.], 31 mar. 2017. Disponível em: https://www.theguardian.com/technology/2017/mar/31/palmer-luckey-trump-supporting-vr-pioneer-leaves-facebook. Acesso em: 20 out. 2018.

HOWARD, P. N.; WOOLLEY, S. C. (org.). *Computational Propaganda*: political parties, politicians, and political manipulation on social media. Nova York: Oxford University Press, 2018.

HOWNSON, Kelle et al. Unpaid labour and territorial extraction in digital value networks. *Global Networks*. V. 23, 2023.

IANNI, O. O príncipe eletrônico. *Perspectivas*, [S. l.], n. 22, p. 11-29, 1999.

IBRAHIM, M. *et al*. Buzzer Detection and Sentiment Analysis for Predicting Presidential Election Results in A Twitter Nation. *In*: IEEE, INTERNATIONAL CONFERENCE ON DATA MINING, 5., 2015, Atlantic City. *Workshops* [...]. Atlantic City, IEEE, 2015.

INTERNATIONAL TELECOMMUNICATION UNION. *ICT facts and figures*. Geneva: ICT Data and Statistics Division, 2016. Disponível em: www.itu.int/en/ITU-D/Statistics/Pages/publications/yb2016.aspx. Acesso em: 12 jan. 2018.

INTERVOZES. Monopólios digitais: concentração e diversidade na Internet. Disponível em: https://intervozes.org.br/publicacoes/monopolios-digitais-concentracao-e-diversidade-na-internet/ Acesso em: 29 jun. 2018.

JHALLY, S.; LIVANT, B. Watching as working: The valorization of audience consciousness. *Journal of communication*, [S. l.], v. 36, n. 3, p. 124-143, 1986.

JOHNSTON, S. Largest companies 2008 vs. 2018, a lot has changed. *Milford*, [S. l.], 31 Jan. 2018. Disponível em: https://milfordasset.com/insights/largest-companies-2008-vs-2018-lot-changed. Acesso em: 20 jan. 2019.

KAISER, J.; RAUCHFLEISCH, A. Unite the Right? How YouTube's recommendation algorithm connects the U.S Far-Right. *Medium*, [S. l.], 11 abr. 2018. Disponível em: https://tinyurl.com/yxntl6j3. Acesso em: 18 abr. 2019.

KASHMIR, H. I cut the big five tech giants from my life it was hel. *Giz Modo*, [S. l.], 7 jan. 2019. Disponível em: https://gizmodo.com/i-cut-the-big-five-tech-giants-from-my-life-it-was-hel-1831304194. Acesso em: 22 jan. 2019.

KITCHENHAM, B. *et al.* Systematic literature reviews in software engineering: a systematic literature review. *Inf Softw Technol*, [S. l.], v. 51, n. 1, p. 7-15, 2009.

KOLODNY, L. Former Google CEO predicts the Internet will split in two — and one part will be led by China. *CNBC*, [S. l.], 2018. Disponível em: https://www.cnbc.com/2018/09/20/eric-schmidt-ex-google-ceo-predicts-internet-split-china.html. Acesso em: 20 fev. 2019.

KRAMER, A. D. I.; GUILLORY, E. J.; HANCOCK, J. T. Experimental evidence of massive-scale emotional contagion through social networks. *PNAS*, [S. l.], v. 111, n. 23, jun. 2014.

LACLAU, E. O retorno do "povo": razão populista, antagonismo e identidades coletivas. *Política & Trabalho*, [S. l.], n. 23, p. 9-34, out. 2005.

LENIN, V. I. *O imperialismo, etapa superior do capitalismo*. Lisboa: Edições Liberdade, 1978.

LEVU, A. People Spend 2.5 Times As Much Time on Facebook Apps Compared to Google Apps. *Fool*, [S. l.], 2018. Disponível em: https://www.fool.com/investing/2018/08/28/people-spend-25x-as-much-time-on-facebook-apps-com.aspx. Acesso em: 19 jan. 2019

LEVY, P. El concepto filosófico de la inteligencia algorítmica. *Catedratos*, [S. l.], 2017. Disponível em: http://catedradatos.com.ar/media/Levy-Pierre.-El-concepto-filos%C3%B3fico-de-la-inteligencia-algor%C3%ADtmica.pdf. Acesso em 12 jan. 2018.

LIMA, V. A. *Mídia*: teoria e política. 2. ed. São Paulo: Editora Fundação Perseu Abramo, 2012.

LINDQUIST, J; WELTEVREDE, E. Authenticity Governance and the Market for Social Media Engagements: The Shaping of Disinformation at the Peripheries of Platform Ecosystems. *Social Media + Society*, [S. l.], v.10, n.1, p. 123-138, 2024.

LOECHNER, J. 90% Of Today's Data Created In Two Years. *Media Post*, [S. l.], 2016. Disponível em: https://www.mediapost.com/publications/article/291358/90-of-todays-data-created-in-two-years.html. Acesso em 4 fev. 2018.

LOWY, M. A teoria do desenvolvimento desigual e combinado. *Actuel Marx*, [S. l.], v. 18, p. 74-89, 1995.

LOWY, M. *As aventuras de Karl Marx contra o Barão de Munchhausen*: marxismo e o positivismo na sociologia do conhecimento. São Paulo: Cortez, 2013.

LOWY, M. *Walter Benjamin*: aviso de Incêndio. uma leitura das teses "sobre o conceito de história". São Paulo: Boitempo, 2005.

LUCAS, D. Obama: Google e Facebook não existiriam sem financiamento público. *CNS News*, [S. l.], 2012. Disponível em: https://www.cnsnews.com/news/article/obama-google-facebook-would-not-exist-without-government-funding. Acesso em: 5 fev. 2018.

MACHADO, G. O lugar dos serviços em o Capital de Marx. *Teoria e Revolução*, [S. l.], 9 set. 2017. Disponível em: http://teoriaerevolucao.pstu.org.br/o-lugar-dos-servicos-em-o-capital-de-marx/. Acesso em 8 fev. 2018.

MANDEL, E. A teoria do valor-trabalho e o capitalismo monopolista. *Revue Quatrième Internationale*, Amsterdam, v. 25, n. 32, 1967.

MAGER, A. Algorithmic Ideology. *Information, Communication & Society*, [S. l.], v. 15, n. 5, p. 769-787, 2012.

MARANHÃO, L.; CASTRO, D.; SOUZA, J. O Conceito de Internet na pesquisa em comunicação no Brasil. *Razón y Palabra*, [S. l.], v. 17, n. 3, p. 493-512, 2013.

MARX, K. *Grundrisse*: Manuscritos econômicos de 1857-1858, Esboços da crítica da economia política. 1. ed. São Paulo: Boitempo, 2011.

MARX, K. *O Capital, Livro I*. São Paulo: Boitempo, 2013.

MARX, K. *O Capital, Livro II*. São Paulo: Boitempo, 2013.

MARX, K. *O 18 de Brumário de Luís Bonaparte*. São Paulo: Martin Claret Pocket, 2008.

MARX, K. *Teorias da Mais-valia*. História crítica do pensamento econômico. Rio de Janeiro: Civilização Brasileira, 1980.

MARX, K. *O Capital*. Livro III, Volume 6. Rio de Janeiro: Civilização Brasileira, 1981.

MARX, K. *Manuscritos econômicos-filosóficos de 1844*. Lisboa: Avante!, 1994.

MARX, K.; ENGELS, F. *Obras escolhidas em três volumes*. Rio de Janeiro: Vitória, 1961.

MARX, K.; ENGELS, F. *O Manifesto do Partido Comunista*. São Paulo: Expressão Popular, 2008.

MATTELART, A.; MATTELART, M. *História das teorias da Comunicação*. São Paulo: edições Loyola, 2008.

MBL. Aí está o motivo pela censura do Facebook. Disponível em: https://pt-br.facebook.com/mblivre/...censura...facebook-é.../1038396959617780/. Acesso em: 2 fev. 2019.

MIRANI, L. Millions of Facebook users have no idea they're using the Internet. *Quartz*, [S. l.], 9 fev. 2015. Disponível em: https://qz.com/333313/milliions-of-facebook-users-have-no-idea-theyre-using-the-Internet/. Acesso em: 20 fev. 2018.

NAIR, C.; NIGAM, H. Understanding Facebook as a Monopoly. *Research Gate*, [S. l.], 2015. Disponível em: https://www.researchgate.net/publication/286836835_Understanding_Facebook_as_a_Monopoly. Acesso em: 29 jun. 2018.

NIXON, B. Toward a Political Economy of 'Audience Labour' in the Digital Era. *Triple C*: Communication, Capitalism & Critique, [S. l.], v. 12, n. 2, p. 77-120, 2014.

O ALGORITMO de Euclides. *wikipédia*, [S. l.], 2018. Disponível em: https://pt.wikipédia.org/wiki/Algoritmo_de_Euclides. Acesso em: 20. fev. 2019.

OLIVEIRA, R. I. O tal do Algoritmo. *O Globo*, [S. l.], 27 jul. 2018. Disponível em: https://blogs.oglobo.globo.com/ciencia-matematica/post/o-tal-do-algoritmo.html. Acesso em: 20 fev. 2019.

OTANI, A.; SETHARAMAN, D. Facebook Suffers Worst-Ever Drop in Market Value. *The Wall Streeat Journal*, [S. l.], 2018. Disponível em: https://www.wsj.com/articles/facebook-shares-tumble-at-open-1532612135. Acesso em: 23 jan. 2018.

PASQUINELLI, M. O Algoritmo do PageRank do Google: Um diagrama do capitalismo cognitivo e da exploração da inteligência social geral. *In*: BECKER, K.; STALDER, F. (ed.). *Deep Search*. Londres: Transaction Publishers, 2010, p. 385-402.

PASQUINELLI, M. *The Eye of the Master*: A Social History of Artificial Intelligence. London: Verso, 2023.

POSADA, J. Embedded reproduction in platform data work. Information, *Communication & Society*. V. 25, n. 6, 2022.

PSFK. H&M Under Fire for Using Fake, Computer-Generated Models. *Mashable*, [S. l.], 2011. Disponível em: https://mashable.com/2011/12/08/hm-cg-models/#-dTSYqs1r_uqL. Acesso em: 20 jan. 2018.

QUANTO dinheiro o Facebook ganha com você e como isso acontece. *BBC*, [S. l.], 10 nov. 2016. Disponível em: http://www.bbc.com/portuguese/internacional-37898626. Acesso em: 28 jan. 2018.

RADCLIFFE, D. Understanding social media in China: trends, impact and the networks to catch. *Damian Radcliffe*, [S. l.], 2018. Disponível em: https://damianradcliffe.wordpress.com/2018/03/12/understanding-social-media-in-china-trends-impact-and-the-networks-to-watch/. Acesso em 4. jun. 2018.

REUTERS. Facebook retira do ar rede ligada ao MBL antes das eleições. Disponível em: https://br.reuters.com/article/domesticNews/idBRKBN1KF1MI-OBRDN/. Acesso em: 3 fev. 2019.

ROUHANI, S.; ROTBEI, S. S.; HAMIDI, H. What do we know about the big data researches? A systematic review from 2011 to 2017. *Journal of Decision* Systems, [S. l.], v. 26, n. 4, p. 368-393, 2017.

SADIQ, S. *et al*. AAFA: Associative Affinity Factor Analysis for Bot Detection and Stance Classification in Twitter. *In*: IEEE INTERNATIONAL CONFERENCE ON INFORMATION REUSE AND INTEGRATION (IRI), 2017. *Anais* [...],San Diego, IEEE. 2017.

SANTINI, R. *et al*. Media and mediators in contemporary protests: Headlines and hashtags in the june 2013 in Brazil. *In:* ROBINSON, L.; SCHULZ, J.; WILLIAMS, A. (ed.). *Brazil*: Studies in Media and Communication. Bingley: Emerald Publishing Limited, 2015, p. 117-138.

SANTINI, R. *et al.* Software Power as Soft Power: A literature review on computacional propaganda effects in public opinion and political process. *Partecipazione e Conflito*: the open journal of sociopolitical studies, [S. l.], v. 11, n. 2, p. 142-59, 2018.

SEBEI, H.; TAIEB, H.; BEN AOUICHA, M. Review of social media analytics process and Big Data pipeline. *Social Network Analysis and Mining*, [S. l.], v. 8, n. 10, p. 323-232, 2018.

SETO, K. S. *Internet e Democracia*: redes centralizadas e espontâneas nos protestos do 15M. 2015. 62 f. Monografia (Graduação em Jornalismo) – Escola de Comunicação, Universidade Federal do Rio de Janeiro, Rio de Janeiro, 2015.

SETO, K. S. *A economia política das mídias algorítmicas*. Rio de Janeiro, 2019. 148 f. Dissertação (Mestrado) – Universidade Federal do Rio de Janeiro, Escola de Comunicação, Programa de Comunicação e Cultura, 2019.

SERRANO, P.; BALDANZA, R. Tecnologias disruptivas: o caso do Uber. *RPCA*, [S. l.], v. 11, n. 5, p. 37-48, 2017.

SHEARER, E.; GOTTFRIED, J. News Use Across Social Media Platforms 2017. *Pew Research Center*, [S. l.], 7 set. 2017. Disponível em: http://www.journalism.org/2017/09/07/news-use-across-social-media-platforms-2017/. Acesso em: 3 fev. 2019.

SIBILIA, P. *O Show do Eu*: a intimidade como espetáculo. 2. ed. Rio de Janeiro: Contratempo, 2016.

SIEGLER, M. Eric Schmidt: Every 2 days we create as much information as we did up to 2003. *Tech Crunch*, [S. l.], 2010. Disponível em: https://techcrunch.com/2010/08/04/schmidt-data/. Acesso em 29. fev. 2018.

SILVEIRA, S. A. *Tudo sobre tod@s*: redes digitais, privacidade e venda de dados pessoais. São Paulo: Edições Sesc São Paulo, 2017.

SILVEIRA, S. A. A noção de modulação e os sistemas algorítmicos. *In*: SOUZA, J.; AVELINO, R.; SILVEIRA, S. A. (org.). *A sociedade de Controle*: manipulação e modulação nas redes sociais. São Paulo: Hedra, 2018. cap. 2, p. 31-45.

SIMON, H. Designing organizations for an information-rich world. 2007. Disponível em http://zeus.zeit.de/2007/39/simon.pdf. Acesso em: 29 mar. 2018.

SINGER, P. *Curso de Introdução à economia política*. Rio de Janeiro: Editora Forense-Universitária, 1975.

SHIRKY, C. The Twitter Revolution: more than just a slogan. *Prospect Magazine*, [S. l.], 2010. Disponível em: https://www.prospectmagazine.co.uk/magazine/the-twitter-revolution-more-than-just-a-slogan. Acesso em: 20 jun. 2018.

SHIRKY, C. The Political Power of Social Media: technology, the Public Sphere and Political Change. *Foreign Affairs* (Council on Foreign Relations), [S. l.], 2011. Disponível em: http://www.cc.gatech.edu/~beki/cs4001/Shirky.pdf. Acesso em: 20 set. 2015.

SIVARAJAH, U. et al. Critical Analysis of Big Data Challenges and Analytical Methods. *Journal of Business Research*, [S. l.], n. 70, p. 263-286, 2017.

SIQUEIRA, V. O que é alienação em Marx?. *Colunas Tortas*, [S. l.], 2014. Disponível em http://colunastortas.com.br/2014/02/05/o-que-e-alienacao-em-marx/. Acesso em: 20 jan. 2019.

SMYTHE, D. Communications: Blindspot of Western Marxism. *Canadian Journal of Political and Social Theory*, [S. l.], v. 1, n. 3, p. 1-27, 1977.

SODRÉ, M. *Antropológica do Espelho* – Uma Teoria da Comunicação Linear e em Rede. Petrópolis: Vozes, 2002.

SOUZA, C. A.; TEFFÉ, C. S. Responsabilidade dos provedores por conteúdos de terceiros na Internet. *Conjur*, [S. l.], 2017. Disponível em: https://www.conjur.com.br/2017-jan-23/responsabilidade-provedor-conteudo-terceiro-Internet. Acesso em: 20 fev. 2019.

SOUZA, P. *A genealogia das Lutas Multitudinárias em Rede*: o #vemprarua no Brasil. 2014. Dissertação (Mestrado em Comunicação e Cultura) – Escola de Comunicação, Universidade Federal do Rio de Janeiro, Rio de Janeiro, 2014.

SWATHI, R.; SESHADRI, R. Systematic survey on evolution of machine learning for big data. *In:* INTERNATIONAL CONFERENCE ON INTELLIGENT COMPUTING AND CONTROL SYSTEMS (ICICCS), 2017, Madurai. *Anais* [...]. Madurai, ICIC, 2017. p. 204-209.

STATE, B.; ADAMIC, L. The Diffusion of Support in an Online Social Movement: Evidence from the Adoption of Equal-Sign Profile Pictures. *Digital Library*, [S. l.], 28 fev. 2015. Disponível em: https://doi.org/10.1145/2675133.2675290. Acesso em: 20 out. 2018.

TAPLIN, J. *Move fast and break things*: how facebook, google and amazon have cornered Culture and what it means for all of us. London: Pan Macmillan, 2017.

TARDÁGUILA, C. Direto da Macedônia: 'Ganhei dinheiro publicando notícias falsas'. *Folha*, Piauí, 207. Disponível em: https://piaui.folha.uol.com.br/lupa/2017/09/22/direto-da-macedonia-eu-ganhei-dinheiro-publicando-noticias-falsas/. Acesso em: 20 fev. 2019.

TEIXEIRA, A. Marx e a economia política: a crítica como conceito. *Econômica*, Rio de Janeiro, v. 2, n. 4, p. 85-109, 2000.

THATCHER, J.; SULLIVAN, D.; MAHMOUDI, D. Data Colonialism through Accumulation by Dispossession: New metaphors for Daily Data, 2015. [S. l.], 30 dez. 2015. Disponível em https://pdxscholar.library.pdx.edu/cgi/viewcontent.cgi?referer=https://www.google.com.br/&httpsredir=1&article=1160&context=usp_fac. Acesso em: 30 jan. 2018.

THE STATE Of Broadband 2017: Broadband Catalyzing Sustainable Development. *ITU*, [S. l.], 2017. Disponível em: https://www.itu.int/dms_pub/itu-s/opb/pol/S-POL-BROADBAND.18-2017-PDF-E.pdf. Acesso em 7. fev. 2019.

THOMPSON, E. P. Algumas observações sobre Classe e "Falsa Consciência", 1977. *In*. NEGRO, A. L.; SILVA, S. (org.). *As peculiaridades dos ingleses e outros artigos*. Campinas: Editora da Unicamp, 2001, p. 115-129.

TINSLEY, T.; BOARD, K. *Language Trends 2015/2016*: The state of language. Berkshire: Education Development Trust, 2015.

TOSHIO, L. *A lei da queda tendencial da taxa de lucro*: novas evidências e aplicações. 2017. Tese (Doutorado no Programa de Pós Graduação em Economia) – Faculdade de Ciências Econômicas, Universidade Federal do Rio Grande do Sul, Porto Alegre, 2017

TREVISAN, C. Mercado tenso indica o retorno da volatilidade. *Estadão*, [S. l.], 7 fev. 2018. Disponível em http://economia.estadao.com.br/noticias/geral,mercado-tenso-indica-o-retorno-da-volatilidade,70002180847. Acesso em: 7 jan. 2018.

TURSUNBAYEVA, A. *et al*. Human Resource Information Systems in Health Care: A Systematic Evidence Review. *Journal of the American Medical Informatics Association*: JAMIA, v. 24, n. 3 p. 633-654, 2018.

TRUMP, D. Shadow banning. Disponível em: https://twitter.com/realdonaldtrump/status/1022447980408983552?lang=en. Acesso em: 20 jan. 2019.

VAROL, O. *et al*. Online Human-Bot Interactions: Detection, Estimation, and Characterization. *Proceedings of the International AAAI Conference on Web and Social*

Media, [S. l.], v. 11, n. 1, 2017. Disponível em: https://aaai.org/ocs/index.php/ICWSM/ICWSM17/paper/view/15587. Acesso em: 14 dez. 2018.

VELLEDA, L. Monopólio digital: um jogo sem regras dominado por grandes plataformas. *Rede Brasil Atual*, [S. l.], 2018. Disponível em: http://www.redebrasilatual.com.br/cidadania/2018/05/monopolio-digital-um-jogo-sem-regras-dominado-por-grandes-plataformas. Acesso em: 9 fev. 2019.

VINCENT, J. 99.6 percent of new smartphones run Android or iOS. *The Verge*, [S. l.], 2017. Disponível em: https://www.theverge.com/2017/2/16/14634656/android-ios-market-share-blackberry-2016. Acesso em 20. jun. 2018.

WANG, Y. *et al.* Psycho-Demographic Analysis of the Facebook Rainbow Campaign. [S. l.], 2015. Disponível em: https://arxiv.org/pdf/1610.05358.pdf. Acesso em: 20 out. 2018.

WHAT PERCENTAGE of the Global Economy Is the Oil and Gas Drilling Sector? *Investopedia*, [S. l.], 2019. Disponível em: https://www.investopedia.com/ask/answers/030915/what-percentage-global-economy-comprised-oil-gas-drilling-sector.asp. Acesso em: 13 jan. 2019.

WOOLLEY, S. C.; HOWARD, P. N. Computational Propaganda Worldwide: Executive Summary. *In*: WOOLLEY, S. C.; HOWARD, P. N. (ed.). *Working Paper 2017.11*. Oxford: Project on Computational Propaganda, 2017, p. 3-19.

ZEPIC, R. *et al.* Social Media in Political Transition: A Literature Review. *In:* EUROPEAN CONFERENCE ON E-GOVERNMENT, 16., 2016, Ljubljana. *Anais* [...]. Ljubljana: EINR, 2016.

ZUBOFF, S. Big Other: Capitalismo de Vigilância e perspectivas para uma civilização da informação. *In*: BRUNO, F. *et al.* (org.) *Tecnopolíticas da Vigilância*. São Paulo: Boitempo, 2018, p. 1-13.